José Abrantes

Desenho Geométrico e Geometria II

A interdisciplinaridade com as Geometrias Plana e Espacial e com a Arte Geométrica

Polígonos no plano cartesiano: translação, rotação e reflexão. Os triângulos e suas aplicações. Circunferências, círculos e o número π. Algoritmo para o desenho de um polígono. *Softwares* para Desenhos Geométricos. A Arte Geométrica dos polígonos.

EDITORA CIÊNCIA MODERNA

Desenho Geométrico e Geometria II: A interdisciplinaridade com as Geometrias Plana e Espacial e com a Arte Geométrica (Polígonos no plano cartesiano: translação, rotação e reflexão. Os triângulos e suas aplicações. Circunferências, círculos e o número π. Algoritmo para o desenho de um polígono. *Softwares* para Desenhos Geométricos. A Arte Geométrica dos polígonos).

Editor: Paulo André P. Marques
Produção Editorial: Dilene Sandes Pessanha
Diagramação: Daniel Jara
Capa: Daniel Jara
Copidesque: Equipe Ciência Moderna

FICHA CATALOGRÁFICA

ABRANTES, José.

Desenho Geométrico e Geometria II: A interdisciplinaridade com as Geometrias Plana e Espacial e com a Arte Geométrica (Polígonos no plano cartesiano: translação, rotação e reflexão. Os triângulos e suas aplicações. Circunferências, círculos e o número π. Algoritmo para o desenho de um polígono. *Softwares* para Desenhos Geométricos. A Arte Geométrica dos polígonos).

Rio de Janeiro: Editora Ciência Moderna Ltda., 2024.
Coleção: "Desenho Geométrico". Volume 2.

1. Matemática, Desenho Geométrico, Geometria Plana. I - Título

ISBN: 978-65-5842-354-6

CDD 510
516

Editora Ciência Moderna Ltda.
Rua Alice Figueiredo, 46 – Riachuelo
Rio de Janeiro, RJ – Brasil CEP: 20950-150
Tel: (21) 2201-6662/Fax: (21) 2201-6896
E-MAIL: LCM@LCM.COM.BR
WWW.LCM.COM.BR

03/24

Apresentação do livro de Desenho Geométrico e Geometria II, com a Geometria citada na BNCC, referente ao 7º ano do Ensino Fundamental

Em 20 de dezembro de 2017 foi homologada pelo Ministério da Educação a Base Nacional Comum Curricular – BNCC, para os anos finais do Ensino Fundamental, ou seja: 6º, 7º, 8º e 9º anos. A seguir são citados, para a "Área Temática Geometria", os "Objetos de Conhecimento e as Habilidades" para o 7º ano. Na sequência dos objetos de conhecimento, a BNCC descreve as habilidades, podendo ser interpretadas como parte dos conteúdos curriculares.
Como "ainda" não existe a "Área Temática Desenho Geométrico", o autor aborda os conteúdos do Desenho Geométrico, aplicados ao 7º ano do Ensino Fundamental, procurando a interação com a Geometria. Quando são analisados e comparados os "Objetos de Conhecimento e as Habilidades" da "Área Temática Geometria", com os conteúdos do Desenho Geométrico detalhados nesse livro, de início não são notadas correlações, mas à medida que os capítulos vão sendo desenvolvidos notam-se interações, principalmente nos exercícios resolvidos e propostos.

Ensino Fundamental	Objetos de Conhecimento e Habilidades
7º ano	**Objetos de Conhecimento**: Transformações geométricas de polígonos no plano cartesiano: multiplicação das coordenadas por um número inteiro e obtenção de simétricos em relação aos eixos e à origem. Simetrias de translação, rotação e reflexão. A circunferência como lugar geométrico. Relações entre os ângulos formados por retas paralelas intersectadas por uma transversal. Triângulos: construção, condição de existência e soma das medidas dos ângulos internos. Polígonos regulares: quadrado e triângulo equilátero. **Habilidades**: **EF07MA19**: Realizar transformações de polígonos representados no plano cartesiano, decorrentes da multiplicação das coordenadas de seus vértices por um número inteiro. **EF07MA20**: Reconhecer e representar, no plano cartesiano, o simétrico de figuras em relação aos eixos e à origem. **EF07MA21**: Reconhecer e construir figuras obtidas por simetrias de translação, rotação e reflexão, usando instrumentos de desenho ou *softwares* de geometria dinâmica e vincular esse estudo a representações planas de obras de arte, elementos arquitetônicos, entre outros. **EF07MA22**: Construir circunferências, utilizando compasso, reconhecê-las como lugar geométrico e utilizá-las para fazer composições artísticas e resolver problemas que envolvam objetos equidistantes. **EF07MA23**: Verificar relações entre os ângulos formados por retas paralelas cortadas por uma transversal, com e sem uso de *softwares* de geometria dinâmica. **EF07MA24**: Construir triângulos, usando régua e compasso, reconhecer a condição de existência do triângulo quanto à medida dos lados e verificar que a soma das medidas dos ângulos internos de um triângulo é 180°. **EF07MA25**: Reconhecer a rigidez geométrica dos triângulos e suas aplicações, como na construção de estruturas arquitetônicas (telhados, estruturas metálicas e outras) ou nas artes plásticas. **EF07MA26**: Descrever, por escrito e por meio de um fluxograma, um algoritmo para a construção de um triângulo qualquer, conhecidas as medidas dos três lados. **EF07MA27**: Calcular medidas de ângulos internos de polígonos regulares, sem o uso de fórmulas, e estabelecer relações entre ângulos internos e externos de polígonos, preferencialmente vinculadas à construção de mosaicos e de ladrilhamentos. **EF07MA28**: Descrever, por escrito e por meio de um fluxograma, um algoritmo para a construção de um polígono regular (como quadrado e triângulo equilátero), conhecida a medida de seu lado.

Sobre o autor

José Abrantes nasceu no Rio de Janeiro, em 07/02/1951, tendo a seguinte formação escolar e acadêmica: Técnico de Máquinas e Motores (ETFCSF), Engenheiro Mecânico (UERJ), licenciado em Desenho (UCAM), licenciado em Matemática (UCAM), Especialista em docência do Ensino Fundamental e Médio (UCAM), Especialista em Docência do Ensino Superior (FABES/ISEP), Mestre em Tecnologia – M.Sc. (CEFET/RJ), Doutor em Engenharia de Produção – D.Sc. (COPPE/UFRJ). Pós-Doutorado, voltado à área de educação (FEAGRI/UNICAMP) e Pós-Doutorado, estudando a Pedagogia Empresarial (UFF). Trabalhou sete anos (1970 a 1976) como desenhista e projetista e 22 anos como engenheiro (1977 a 1998), sendo 17 anos como calculista de equipamentos e cinco em fábricas, como gerente de engenharia e manutenção. Entre 1999 e 2002 foi professor de Desenho Técnico da FAETEC. Entre 1998 e 2015 atuou como professor do ensino superior em diversas instituições privadas. É professor associado aposentado do Instituto de Aplicação Fernando Rodrigues da Silveira - CAp/UERJ, onde atuou no Departamento de Matemática e Desenho - DMD (entre 2002 e 2015). Entre janeiro de 2000 e fevereiro de 2023, foi professor do Departamento de Geometria e Representação Gráfica, do Instituto de Matemática e Estatística, da Universidade do Estado do Rio de Janeiro – IME/UERJ, tendo se aposentado em março de 2023, como professor titular.

Um pouco de história e a importância do ensino de "Desenho Geométrico", nos anos finais (6º ao 9º ano) do Ensino Fundamental

A disciplina "Desenho Geométrico" foi componente curricular obrigatório no Ensino Básico brasileiro por cerca de 30 anos, de 1930 a 1960. Na década de 1960, a Lei de Diretrizes e Bases da Educação (LDB), Lei 4.024 de 1961, conferiu novos rumos ao ensino de Desenho no Brasil. Desde então, a disciplina começou a experimentar certo desprestígio, passando a figurar como disciplina obrigatória complementar. A situação agravou-se com a promulgação da LDB 5.692/71 (de 11 de agosto de 1971), que tornou o ensino de Educação Artística obrigatório no Ensino Básico, enquanto o Desenho ficou como disciplinar complementar, não obrigatória. Apenas poucas escolas, em todo o Brasil, mantiveram o ensino de "Desenho Geométrico" na Educação Básica.

Desde dezembro de 1996, com a promulgação da LDB 9.394/96 (Lei Darcy Ribeiro), infelizmente o Desenho, tanto no Ensino Fundamental (Desenho Geométrico), quanto no Ensino Médio (Geometria Descritiva), não se enquadra como disciplina curricular obrigatória, tampouco como disciplina optativa. Também os Parâmetros Curriculares Nacionais - PCNs (1998) para o ensino de Artes, do 6º ao 9º ano, não fazem qualquer referência à disciplina de Desenho. Nos PCNs destinados ao ensino de Matemática para esses mesmos anos, encontram-se alguns poucos indicativos, porém o Desenho aparece servindo apenas como auxiliar na conceituação dos assuntos.

Em 20 de dezembro de 2017 foi homologada, pelo Ministério da Educação, a "Base Nacional Comum Curricular – BNCC", para os anos finais do Ensino Fundamental, ou seja: 6º, 7º, 8º e 9º anos, mais uma vez não citando diretamente o ensino de Desenho Geométrico. Embora não citado claramente, nas Habilidades do 6º ano, fica implícita a prática do Desenho Geométrico, o que pode ser comprovado pelo detalhamento das Habilidades EF06MA21 e EF06MA22 que, respectivamente citam: EF06MA21: construir figuras planas semelhantes em situações de ampliação e de redução, com o uso de malhas quadriculadas, plano cartesiano ou tecnologias digitais; EF06MA22: Utilizar instrumentos, como réguas e esquadros, ou *softwares* para representações de retas paralelas e perpendiculares e construção de quadriláteros, entre outros.

Para além do embasamento legal citado anteriormente, quanto ao ensino de Desenho Geométrico, é comprovado que, ao conduzir o ensino de Desenho Geométrico de forma interrelacionada com o ensino da Geometria, via Matemática, os alunos, já desde o 6º ano, desenvolvem facilidades para aprender mais facilmente a Matemática. Por que isso acontece?

Alguém já disse que: "uma imagem vale mais do que mil palavras". Como a prática do Desenho Geométrico é baseada em imagens de entidades matemáticas, fica mais visual e prático compreender a lógica do raciocínio abstrato da Matemática. Também não se pode omitir que, ao desenhar em folhas de papel, bem como em tela, os alunos desenvolvem mais facilmente suas habilidades viso espaciais e pictóricas, ou seja, habilidades de se expressar por símbolos, figuras, desenhos e gráficos. Em resumo, o ensino de Desenho Geométrico, interrelacionado ao de Geometria, em muito ajuda ao desenvolvimento das habilidades Lógico Matemática, Viso Espacial e Pictórico.

O estudo do "Desenho Geométrico" em muito ajuda a aprendizagem da Geometria, que estuda as figuras relacionando-as com números, que são suas medidas. O desenho geométrico estuda as figuras ou imagens, relacionando-as com suas representações. O desenho concretiza os conhecimentos teóricos da Geometria, conseguindo definir conceitos, demonstrar propriedades e resolver problemas. O aprendizado da Matemática fica muito facilitado, quando se estuda o desenho geométrico, concomitantemente.

Em 1986, foi feita uma pesquisa consistindo de um teste de Geometria aplicado a 136 alunos da 8ª série (atual 9º ano do Ensino Fundamental) de seis escolas de Curitiba, no Paraná, comparando os rendimentos entre aqueles alunos que tiveram e aqueles que não tiveram a oportunidade de estudar Desenho Geométrico. Os resultados mostraram que os alunos das escolas que ofereceram a disciplina "Desenho Geométrico" apresentaram um desempenho significativamente melhor em relação aos outros. Os professores, por outro lado, opinaram que o "Desenho Geométrico" torna concreto os conteúdos abstratos da Geometria e as duas disciplinas se completam. Muitos especialistas em Educação recomendam que o "Desenho Geométrico" retorne como disciplina obrigatória no currículo das séries finais (6º ao 9º anos) do Ensino Fundamental, recomendando que os conteúdos de Geometria sejam revitalizados tendo em vista uma possível integração

com o "Desenho Geométrico".
O professor José Abrantes, após 15 anos lecionando "Desenho Geométrico", no Instituto Fernandes Rodrigues da Silveira, o Colégio de Aplicação da UERJ, e após 23 anos lecionando disciplinas de Representação Gráfica, para cursos de Engenharia da UERJ, bem como Práticas de Ensino, na Licenciatura em Matemática do IME/UERJ, confirma que, tanto nos cursos de Engenharia, quanto na Licenciatura em Matemática, tiveram melhores rendimentos, aqueles alunos que estudaram as disciplinas "Desenho Geométrico" e "Geometria Descritiva".
É dessa forma que estão desenvolvidos os quatro volumes dos livros de Desenho Geométrico do professor José Abrantes, onde os conteúdos, capítulo a capítulo seguem e interagem com as "Habilidades" descritas na "Área Temática Geometria", citadas na BNCC, do 6º ao 9º ano do Ensino Fundamental. Ou seja, não é apenas "ensinar por ensinar" Desenho Geométrico, mas sim ajudar e interagir com o ensino e aprendizado da Matemática.

A prática do Desenho Geométrico na prancheta e na forma digital

Já há algum tempo, muitos profissionais, inclusive professores de Matemática, vivem a ilusão ou crença de que os *softwares* e o computador solucionarão os problemas das "formas geométricas" com criatividade e inovação. Embora as novas gerações de profissionais ligados à área gráfica saibam muito bem usar as ferramentas eletrônicas de Desenho, (e são inquestionáveis as potencialidades dos diversos *softwares* existentes), percebe-se a falta de uma base conceitual e atuações automáticas ou "robotizadas". Será que basta apenas saber usar determinados aplicativos e programas, sem conhecer os fundamentos e os conceitos? Será que o ensino de Desenho, seja através de instrumentos analógicos (régua e compasso), seja via programas gráficos, serve apenas para algumas poucas pessoas (projetistas, engenheiros e arquitetos) exercerem suas profissões? Existem estudos, e práticas pedagógicas, que mostram que o ensino de Desenho Geométrico e da Geometria Descritiva, além de muito auxiliar numa melhor compreensão da Matemática, muito ajuda a desenvolver, tanto o raciocínio lógico, quanto a visão espacial, habilidades fundamentais para a inovação e criatividade, seja em que área for.
A propósito do "pensamento" de algumas pessoas (inclusive professores), que é "besteira" e perda de tempo ensinar Desenho Geométrico e Geometria Descritiva, na Educação Básica, bastando apenas "treinar" o futuro profissional em alguns programas de desenho via computador, deve ser esclarecido que, conforme citado na própria LDB 9.394/96, a Educação Básica não tem como finalidade, apenas, despejar profissionais no mercado. Muito mais do que simples "usuários", todos deveriam aprender a "pensar" e, nisto o ensino de "Desenho Geométrico" muito pode ajudar. O mesmo raciocínio pode ser estendido ao ensino da "Geometria Descritiva".
Nada adianta "apenas" ensinar alguns comandos, por exemplo, do *software* AutoCad®, para estudantes de Engenharia e colocá-los para "fazer" alguns desenhos, de forma automática e sem entender o conceito. Por quê? Porque, na prática, quem desenha com exatidão são os profissionais específicos, chamados desenhistas e projetistas, conhecidos como "Cadistas". Somente em casos muito específicos, é que um engenheiro, realmente, faz um desenho com precisão, por exemplo, no computador. Ou seja, "ensina-se" o uso de uma ferramenta, que não será utilizada constantemente pelo engenheiro, e deixa-se de ensinar, por exemplo, a disciplina, Geometria Descritiva, que é baseada no Desenho Geométrico, que irá realçar as inteligências verbo linguística, lógico matemática, viso espacial e pictórica, estas sim, essenciais ao exercício profissional de diversas áreas.
Observação Geral: Todas as imagens e desenhos deste livro foram geradas usando o programa Word. Os desenhos onde medidas "exatas" são exigidas, primeiro foram gerados em folhas A4, com os instrumentos clássicos de desenho.

SUMÁRIO

Capítulo 1

A natureza do desenho geométrico. Tipos de letras. Materiais e instrumentos utilizados. Escalas gráficas e numéricas. O manuseio do par de esquadros

1.1 O desenho geométrico: ensino, importância e aplicações práticas

O desenho geométrico consiste de um conjunto de processos para a construção de formas geométricas, bem como na resolução de problemas de Geometria, ou seja, Matemática. Classicamente, os desenhos geométricos são feitos com a utilização de instrumentos como: régua, compasso e o par de esquadros. Já há anos que desenhos geométricos podem ser feitos com o auxílio de *softwares* específicos, que simulam os traçados executados pelos instrumentos básicos citados.

O aprendizado do desenho geométrico, em muito auxilia a compreensão da Geometria, bem como de partes da Álgebra. Em termos de aplicações práticas reais, os elementos e as figuras geométricas estão presentes nos desenhos técnicos projetivos. Além de básico para áreas como Engenharia, Arquitetura e Desenho Industrial (*Design*), o aprendizado do desenho geométrico ajuda ao desenvolvimento das habilidades pictóricas e visuais, importantíssimas nas mais diversas atividades humanas.

Outra característica do desenho geométrico é permitir a execução de belas obras no campo da chamada "Arte Geométrica". No capítulo 7 deste livro são mostradas diversas composições artísticas geométricas, utilizando os elementos e figuras geométricas, estudadas ao longo do livro.

1.2 Tipos de letras e números padronizados usados em desenho geométrico

Existem dois tipos de letras: a cursiva e a desenhada. A cursiva, também conhecida como "letra de mão", é aquela que compões a escrita individual de cada pessoa. Em desenho geométrico utiliza-se uma letra desenhada, que segue normas técnicas sendo, portanto, padronizada.

A norma ABNT NBR 8402, da Associação Brasileira de Normas Técnicas, fixa as características desta escrita usada em desenhos e documentos, incluindo desenhos geométricos. Pode ser produzida tanto à mão livre, com o auxílio de instrumentos, como por meio do computador.

No Brasil, esta escrita é feita com letras tipo bastão ou letra de imprensa, maiúsculas e minúsculas, podendo ser, tanto na vertical, quanto inclinadas a 75º (75 graus). Os números e símbolos também seguem estas posições. A distância entre os caracteres deve corresponder, no mínimo a, duas vezes a largura da linha, conforme Figuras 1.1 a, b, c e Tabela 1.1. transcritos da norma NBR 8402.

A altura h, que corresponde à altura das letras maiúsculas, possui razão dois (2), correspondente à razão dos formatos de papel usados em desenhos geométricos. O tamanho da letra e ou número está diretamente relacionado ao tamanho da folha. Formatos maiores, admitem letras maiores e vice versa. As alturas h e c não devem ser menores do que 2,5 mm. Na aplicação simultânea de letras maiúsculas e minúsculas, a altura h não deve ser menor que 3,5 mm.

Características	Relação	Dimensões (mm)						
Altura das letras maiúsculas = h	(10/10) h	2,5	3,5	5	7	10	14	20
Altura das letras minúsculas = c	(7/10) h	-	2,5	3,5	5	7	10	14
Distância mínima entre caracteres = a	(2/10) h	0,5	0,7	1	1,4	2	2,8	4
Distância mínima entre linhas de base = b	(14/10) h	3,5	5	7	10	14	20	28
Distância mínima entre palavras = e	(6/10) h	1,5	2,1	3	4,2	6	8,4	12
Largura da linha = d	(1/10) h	0,25	0,35	0,5	0,7	1	1,4	2

Tabela 1.1: proporções e dimensões de símbolos gráficos
(*Fonte*: NBR 8402)

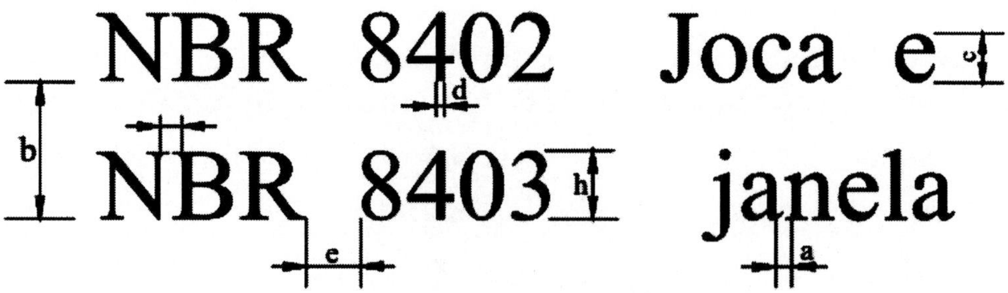

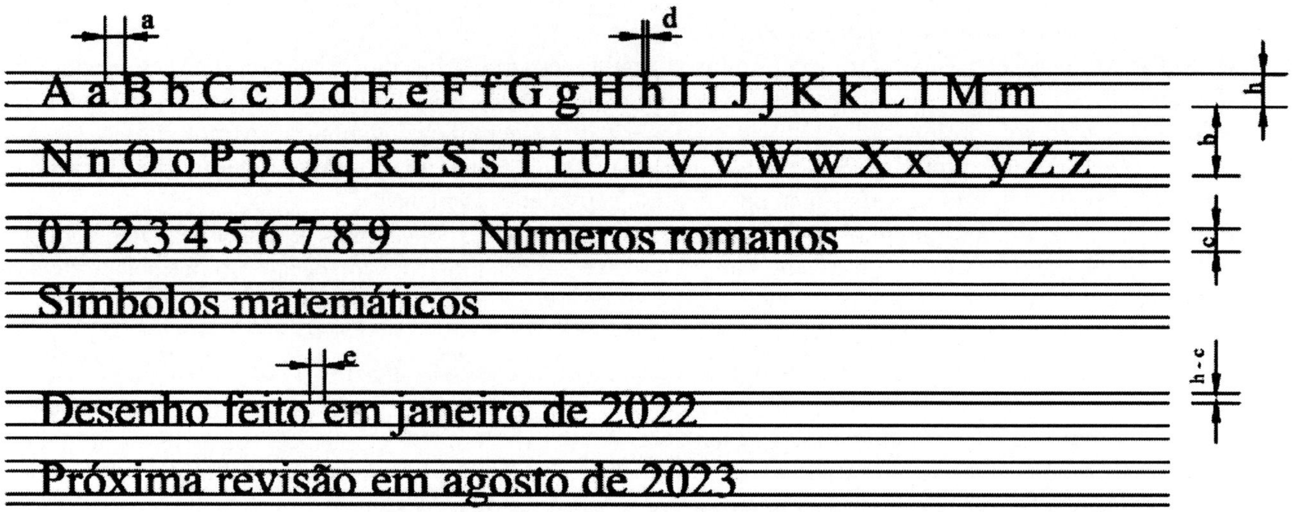

Figura 2.1 (b): características da escrita vertical

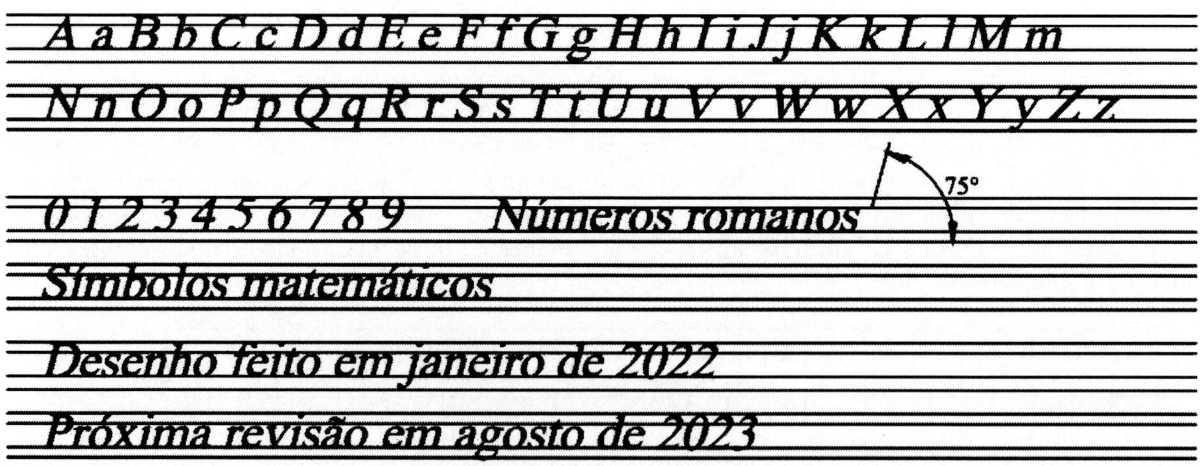

Figura 2.1 (c): características da escrita inclinada

Quando se escreve usando o programa Word, a letra que mais se aproxima da tipo bastão é a Arial.

1.3 Características das folhas de papel usadas em desenhos geométricos (e técnicos)

A Associação Brasileira de Normas Técnicas – ABNT, através da Norma NBR 10068 (Folha de Desenho. Leiaute e Dimensões), define os seguintes formatos (dimensões), que normalmente são usados para a execução de desenhos técnicos profissionais: A0, A1, A2, A3 e A4. Existem outros formatos, mas estes são os mais utilizados. Para desenhos geométricos, executados no Ensino Fundamental do 6º ao 9º ano, podem ser utilizados os formatos A4 ou cadernos de desenhos, com folhas na horizontal (ou deitadas) e sem linhas. Esses cadernos têm as dimensões 275 mm x 200 mm, inclusive com divisões para o aluno colocar seus dados como: nome, turma, nome do professor, data e tipo de trabalho.
Os tamanhos de papel definidos pela norma ABNT 10068 têm a particularidade de a razão entre sua altura e sua largura ser exatamente igual à raiz quadrada de dois ($\sqrt{2}$), o que significa que quando, por exemplo, se unem duas folhas A4 obtém-se uma folha A3, com exatamente o dobro da área e com as mesmas proporções. O tamanho A4 tem essa designação porque é a quarta divisão consecutiva do tamanho A0, que se caracteriza por ter exatamente um metro quadrado (1 m^2) de área com lados na razão de um para raiz quadrada de dois. O tamanho ABNT do papel para desenhos técnicos, obedece ao sistema métrico, onde uma folha A0 tem 1 m^2, sendo que uma folha A0 equivale a duas folhas A1 ou quatro A2, oito A3 e 16 A4. A tabela e a figura a seguir mostram as proporções, dimensões e detalhes da folha A4.

Formato	Largura x Altura (mm*)
A0	841 x 1.189
A1	594 x 841
A2	420 x 594
A3	297 x 420
A4	210 x 297

*mm é a abreviatura de milímetro, que é a milésima parte de um metro (m) e cm é a abreviatura de centímetro, que é a centésima parte de um metro. As réguas plásticas, normalmente vendidas com comprimento de 30 cm, têm as divisões maiores em centímetros e as menores em milímetros.

A folha formato A4, muito utilizada em desenho geométrico, além das dimensões: 210 mm (21 cm**) de largura e 297 mm (29,7 cm) de altura, tem uma margem esquerda de 25 mm (2,5 cm) e margens direita, superior r inferior de 7 mm (0,7 cm).

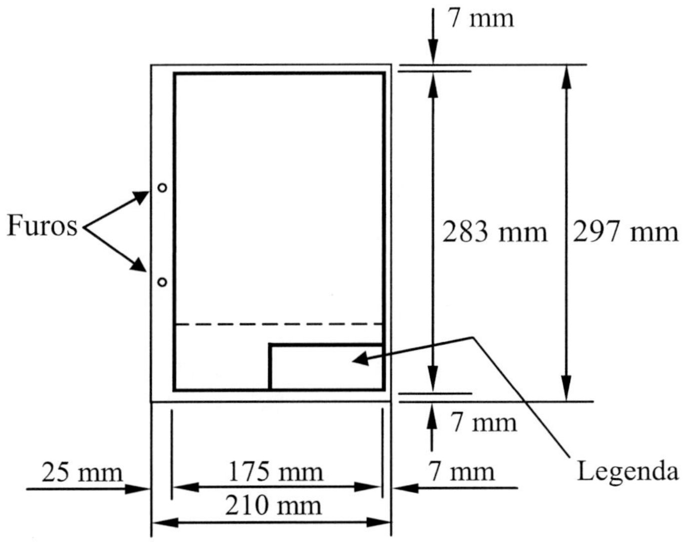

Notas:

1) É na margem esquerda que são feitos os furos para o arquivamento em pastas.

2) É na legenda que são colocadas informações Como: nome, turma, data, etc.

Figura 1.2: detalhes da folha tamanho A4

1.4 Os tipos de grafites usados em desenhos geométricos

Para desenhos feitos à mão com os instrumentos clássicos, são usadas lapiseiras ou lápis, ou seja, grafite. Além de diversas espessuras, existem diversos tipos ou tons de grafite, indo do mais claro, que é o 9H, até o mais escuro, que é o 9B. Observa-se que, quanto mais claro (série H) mais duro e quanto mais escuro (série B), mais macio. Já o grafite usado nos lápis de madeira só apresenta as seguintes quatro classificações: B, H, F e HB. Estas letras vem dos seguintes termos em inglês:

B é *blackness* ou negritude; H é *hardness* ou dureza; F é *fine* ou ponta fina e HB é um tipo de grafite de dureza média, que está entre o H e o B. Considerando uma escala do mais rígido para o mais macio, os grafites apresentam a seguinte classificação:

9H - 8H - 7H - 6H - 5H - 4H - 3H - 2H - H - F - HB - B - 2B - 3B - 4B - 5B - 6B - 7B - 8B - 9B.

Quanto maior o número, mais acentuada é a característica, representada pela letra, ou seja: 9H é mais duro que o 3H, enquanto um 9B é mais macio que o 2B.
Uma dúvida que surge, especialmente entre os iniciantes no desenho geométrico é quanto a qual tipo de grafite usar. Embora a escolha seja pessoal, já que depende inclusive se a pessoa tem a mão mais "pesada" ou mais "leve", podem ser feitas as seguintes recomendações:
Traçado de linhas e escritas, costuma-se usar a dureza média: HB ou F.
De modo geral, utilizam-se os grafites mais duros (série H) para obter traçados claros e os mais suaves (série B) para obter sombras e preencher áreas mais escuras. Deve ser dito que, os mais duros são mais difíceis de serem apagados (usando a borracha tipo plástica), enquanto os mais suaves podem ser totalmente apagados, sem deixar sulcos no papel. Ainda, de forma geral, na prática, do desenho geométrico à mão e instrumentos, usando o papel tipo Canson, trabalha-se normalmente na faixa entre o F, HB e B.

1.5 Tipos de linhas usadas em desenho geométrico

Quanto à forma (morfologia) as linhas podem ser classificadas como:

Linha sinuosa: 

Linha curva: 

Linha mista: 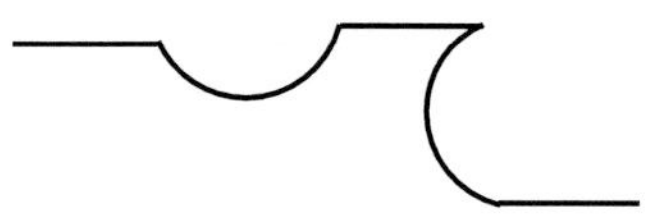

Linha poligonal: 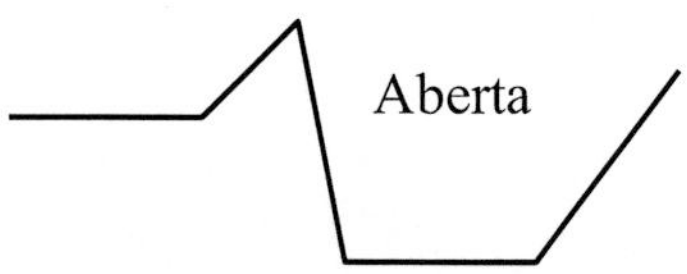
Aberta

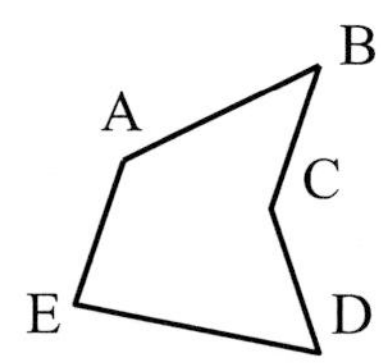

Fechada
(Aqui tem-se um pentágono irregular côncavo)

A palavra poligonal é originária de polígono, onde, em grego, *poli* sinifica vários e *gono* ângulo. Ou seja, é uma linha quebrada com vários ângulos. Polígonos são figuras planas ou linhas poligonais fechadas. No início deste capítulo, os três pontos D, E, F, que definem o plano α, quando unidos (linha tracejada) definem uma figura plana, no caso um triângulo. Como será visto em outro capítulo, triângulo ou trilátero é uma figura plana poligonal, com três lados (DE, DF e EF) e três ângulos. Tri significa três.

Linha ondulada: 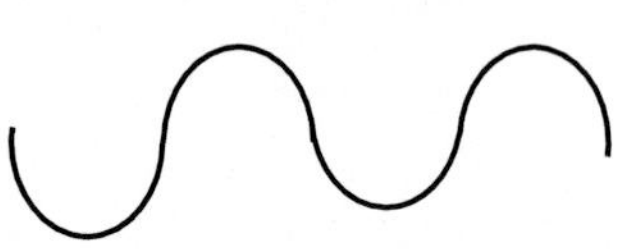

Linha reta contínua (segmento de reta AB): A ———————— B

Linha reta interrompida ou tracejada (segmento de reta CD): C - - - - - - - - - - - - - - - - - D

Linha reta traço e ponto (ou linha de centro ou de simetria): E — · — · — · — · — · — · — · — · F
(É usada, por exemplo, para definir o ponto do centro de uma circunferência).
*O centro é onde se coloca a ponta seca ou metálica do compasso.

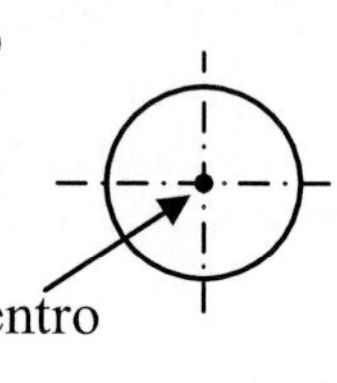
*Centro

1.6 Classificação dos segmentos de retas, quanto às posições no plano

Quanto à posição isolada, os segmentos de retas ou linhas são classificados como: horizontais, verticais e inclinadas.

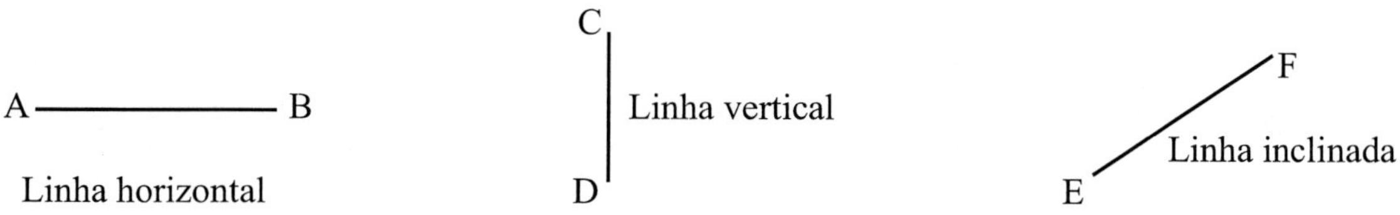

Quanto à posição relativa, as linhas são classificadas como: paralelas, perpendiculares e oblíquas.

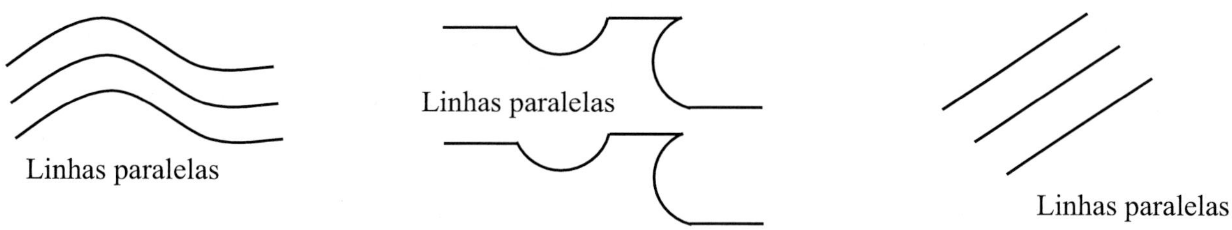

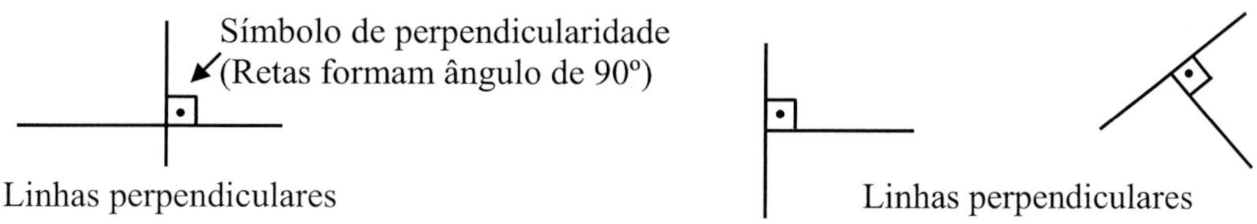

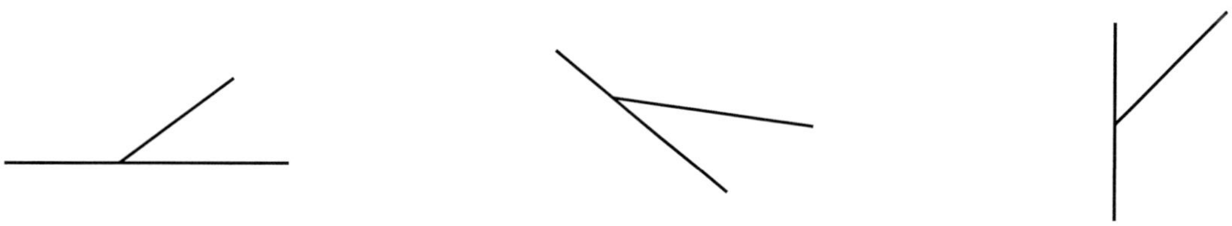

Linhas oblíquas (inclinadas, uma em relação à outra)

1.6.1 Exemplos de aplicações de segmentos de retas

Na prática da Matemática, os segmentos de retas são muito utilizados, por exemplo, no estudo de polígonos.

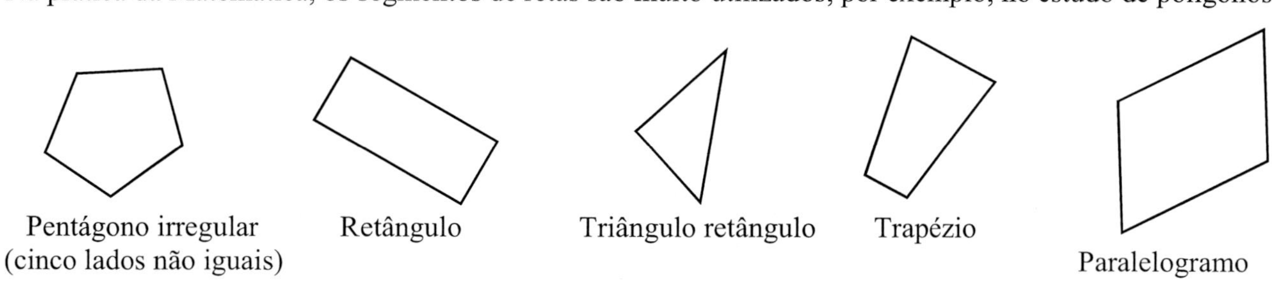

Observa-se que, propositadamente, esses polígonos foram desenhados de forma inclinada. A razão é mostrar que, dependendo do problema a ser estudado, os segmentos de retas podem se apresentar em quaisquer posições.

Baseado em Euclides de Alexandria (325 a.C. - 265 a.C.), podem ser citados quatro elementos básicos do estudo da Geometria: o ponto, a linha, o plano e o sólido.

• O ponto. Não tem dimensão.

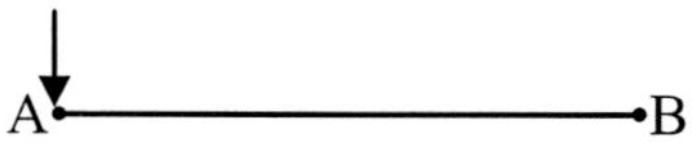

A linha (segmento AB). Tem apenas uma dimensão: comprimento ou módulo.

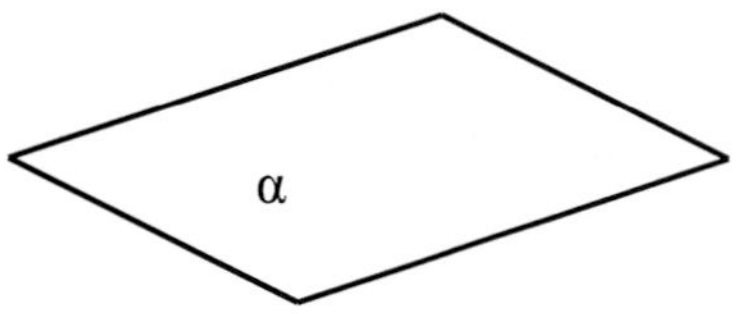

O plano. Tem duas dimensões (comprimento e largura).
(uma folha de papel é um bom exemplo de plano).

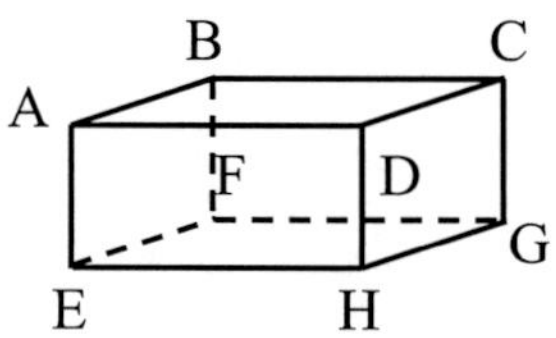

O sólido. Tem três dimensões.

Nesse prisma de base retangular, ocorrem:

Pontos: A, B, C, D, E, F, G e H.
Linhas: AB, CD, EF, GH, AD, BC,EH e FG.
Planos: ABCD, EFGH, ABEF,
CDGH, ADEH e BCFG

Geometricamente, esses pontos são chamados vértices, as linhas são arestas e os planos faces.

Um bom exemplo prático da ocorrência dos quatro elementos básicos da Geometria é o de uma caixa de papelão, como o prisma citado acima.

1.7 Os materiais para a prática do desenho geométrico

O desenho geométrico pode ser feito, tanto usando os principais instrumentos clássicos, chamados analógicos: régua, compasso e esquadro, quanto por programas de computador ou *softwares*, como citados adiante.
A seguir são mostradas imagens dos diversos instrumentos e complementos, usados na prática do desenho geométrico.

1.7.1 A régua graduada

É uma régua de plástico transparente, normalmente vendida nos comprimentos de 10, 15, 20, 30, 40 e 50 centímetros. Este tipo de régua, em geral a de 20 cm, atende muito bem aos objetivos dos conteúdos da disciplina Desenho Geométrico, para os 6º e 7º anos do Ensino Fundamental. Para os 8º e 9º anos, recomenda-se o uso das escalas triangulares ou escalímetros, como será mostrado adiante.

Como se pode ver na imagem, de uma régua de 10 cm, a mesma tem 10 marcações maiores, representando os centímetros. Entre cada marcação de centímetros, existem tem marcações menores, que representam os milímetros.

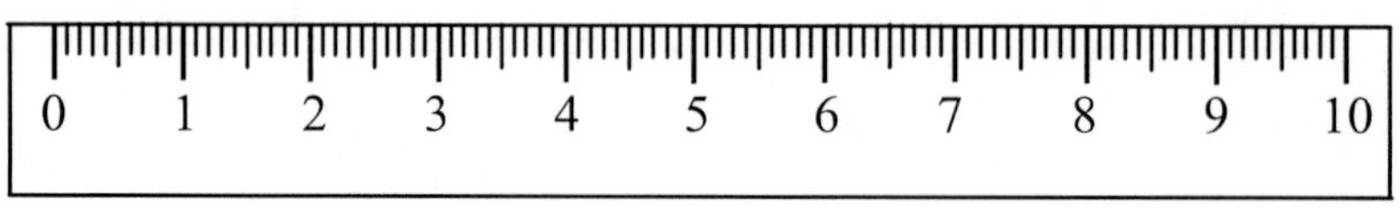

Um metro tem mil milímetros ou: 1 m = 1.000 mm. Dividindo-se 1.000 mm por 100 tem-se:

1.000 mm = 10 mm, que é igual a 1 cm. Ou seja, ao dividir um metro por 100, obtém-se um centímetro.
A seguinte escala de comprimento, facilita a compreensão da transformação de medidas em metros, seus múltiplos (medidas maiores) e submúltiplos (medidas menores). Todas as abreviaturas são em letras minúsculas.

Observa-se que, na prática do ensino de Desenho Geométrico, usam-se tanto medidas em centímetros, quanto em milímetros.

Múltiplos ←→ Submúltiplos

km	hm	dam	m	dm	cm	mm
1	0	0	0	0	0	0

Milímetro (1 km = 1.000.000 mm. Um milhão de mm).
Centímetro (1 km = 100.000 cm. Cem mil cm).
Decímetro (1 km = 10.000 dm. Dez mil dm).
Metro (1 km = 1.000 m. Mil metros).
Decâmetro (1 km = 100 dam. Cem decâmetros).
Hectômetro (1 km = 10 hm. Dez hectômetros).
Quilômetro (a palavra é com Q, mas o símbolo é com k).

Correspondência dos submúltiplos

m	dm	cm	mm
1	10	100	1.000

Um metro = dez decímetros (1 m = 10 dm).
Um metro = cem centímetros (1 m = 100 cm).
Um metro = mil milíemtros (1 m = 1.000 mm).

A origem da medida "metro"

O metro foi criado na França por dois astrônomos, Jean-Baptiste-Joseph Delambre (1749-1822) e Pierre-François-André Méchain (1744-1804), que tentaram definir uma medida equivalente a um décimo de milionésimo da distância entre o Pólo Norte e a linha do Equador. Os dois partiram de Paris em junho de 1792 em sentidos diferentes, um para o sul e outro para o norte, com o objetivo de medir a porção do meridiano que ia de Dunquerque, na França a Barcelona, na Espanha e, assim, projetar a distância correta. Delambre foi em direção ao norte, para Dunquerque, e Méchain para Barcelona, ao sul. Combinaram de se encontrar em Paris um ano depois, trazendo suas medições para calcularem o tamanho da Terra e definir a medida do metro. A missão serviu para padronizar os sistemas de medidas que variavam entre as nações e até dentro dos países, na época, a França chegou a ter 250 mil unidades de pesos e medidas.
Levantamentos, por satélite, mostraram que Delambre e Méchain erraram por pouco: a distância entre o Pólo Norte e o Equador é de 10.002.290 metros, e não 10 milhões.
Todas as demais unidades de medida foram redefinidas a partir do metro. O litro passou a ser a unidade de volume, sendo equivalente ao volume de um cubo de 10 centímetros de lado. O quilograma, foi definido como a massa de um litro de água. Seus múltiplos e submúltiplos agora tinham uma base decimal, o que facilitava os cálculos.

Outro sistema de medidas de comprimento

Na Inglaterra e nos Estados Unidos, as unidades de medida são diferentes das que usamos no Brasil. Por exemplo, para se referir à altura de alguém, usa-se "*foot*" (pé) e "*inch*" (polegada), ao invés de metros e centímetros. As principais medidas desse sistema e suas correspondências com o sistema métrico são:

One inch ou uma polegada = 2,54 centímetros = 25,4 milímetros.
One foot ou um pé = 12 polegadas ou 12 *inches* = 30,48 centímetros = 304,8 milímetros.
One yard ou uma jarda = 0,9144 metros = 91,44 centímetros = 914,4 milímetros.
One mile ou uma milha = 1,60934 quilômetros = 1.609,34 metros = 160.934 centímetros = 1.609.340 milímetros.

Curiosidades históricas sobre as medidas de comprimento

O termo metrologia vem do grego '*metron*' que significa 'medida', e '*logos*' que significa 'estudo', logo é a ciência das medidas e das medições. A metrologia tem uma história antiga.
A necessidade de medir as coisas é muito antiga e remete à origem das primeiras civilizações. Tudo começou quando na antiguidade percebeu-se a necessidade da criação de unidades de medida que permitissem as trocas e o comércio de mercadorias. Era importante que os mercadores, os artífices e os trabalhadores, de maneira geral, soubessem, por exemplo, que uma vara de tecido na cidade de Babilônia* deveria ter mais ou menos o mesmo comprimento que uma vara de tecido em Jerusalém (cidade em Israel).*Babilônia, atualmente é caracterizada por ruínas a leste do rio Eufrates, a cerca de 90 quilômetros, ao sul de Bagdá, no Iraque.
Para medir comprimentos, o homem tomava a si próprio como referência. Usava como padrões determinadas partes de seu corpo. Foi assim que surgiram: a polegada, o palmo, o pé, a jarda, a braça, o passo. Alguns desses padrões continuam sendo usados até hoje, como já citado.
Há cerca de 4.000 anos, os egípcios usavam como padrão de medida de comprimento, o cúbito: que é a distância do cotovelo à ponta do dedo médio. Como as pessoas têm tamanhos diferentes, o cúbito variava de uma pessoa para outra, ocasionando as maiores confusões nos resultados das medidas. Os egípcios resolveram então fixar um padrão único: em lugar do próprio corpo eles passaram a usar em suas medidas barras de pedra com o mesmo comprimento. Foi assim que surgiu o cúbito-padrão.
Como a civilização egípcia desenvolveu-se às margens férteis do Rio Nilo, cultivadas por agricultores que pagavam anualmente um imposto ao faraó, estas terras precisavam ser medidas, pois o imposto era cobrado de acordo com a extensão de terra. Como não era possível medir grandes extensões usando bastões de comprimento igual a um cúbito, os agrimensores do faraó utilizavam cordas. Elas continham nós igualmente espaçados. O intervalo entre dois nós podia corresponder, por exemplo, a 5 cúbitos. Esticando essas cordas, era possível medir facilmente grandes distâncias. Foram essas que originaram as trenas que usamos hoje em dia. Definida como sendo a largura do polegar de um homem, a polegada começou também como uma medida natural.
Uma iniciativa importante de uniformização de medidas aconteceu por volta do ano 1350, quando o rei Eduardo II da Inglaterra, decretou que fosse considerada como uma polegada a medida de três grãos secos de cevada colocados lado a lado. Essa ideia foi aceita pelos sapateiros ingleses que passaram a fabricar sapatos na Europa pela primeira vez em tamanho padrão, tomando como base o grão de cevada. Assim, por exemplo, um sapato medindo quinze grãos de cevada passou a ser considerado como tamanho 15.
A adoção do "Sistema Métrico" foi implementado na França no ano de 1791 e foi seguida por outros países: em 1820, nos Países Baixos, Holanda, Bélgica e Luxemburgo, logo após a Espanha, Portugal, Itália, Colômbia, México, entre outros. A própria Grã-Bretanha e os Estados Unidos viriam a autorizar o seu uso em paralelo com o sistema inglês.
Na ocasião da Exposição Universal de Paris, em 1867, um grande número de cientistas criou um "Comitê dos Pesos e Medidas e da Moeda" que tinha por objetivo uma maior uniformização das medidas.
Em 1869, o governo Francês convidou vários países para delegar, em Paris, uma "Comissão Internacional do Metro". Os trabalhos porém, foram interrompidos pela guerra franco-alemã. Em 1872 a mesma Comissão com delegados de 30 países, reuniu-se de novo e manteve a decisão anteriormente tomada de utilizar o "*métre et Kilogramme des Archives*" como referências para as cópias que seriam distribuídas aos diferentes países, mas numa liga de platina iridiada, passando o "*métre*" a ter uma secção em X.
Em 1875, o governo Francês convocou a "Conferência Diplomática do Metro", na sequência, os delegados de 17 países viriam a assinar oficialmente a "Convenção do Metro".
O desenvolvimento da ciência pediu uma nova definição para o metro. Atualmente, o metro é definido com o comprimento do trajeto percorrido pela luz no vácuo, em um intervalo de tempo de 1/299 792 458 de segundo.

1.7.2 A escala triangular ou escalímetro

Embora, na prática, não seja normal usar escalas no ensino de Desenho Geométrico, é importante citar o instrumento chamado escala triangular ou escalímetro, que em geral, é usado na disciplina "Desenho Técnico Projetivo", estudada tanto em cursos técnicos de nível médio, quanto em cursos superiores como Arquitetura, Desenho Industrial ou *Design* e Engenharia.

Como o Desenho Técnico Projetivo é utilizado para representação de objetos, peças, máquinas, equipamentos, prédios e até sistemas completos e complexos de produção industrial, concluí-se que, nem sempre será possível representar os objetos em suas verdadeiras grandezas. Portanto, para permitir a execução dos desenhos, os objetos e peças grandes precisam ser representados com suas dimensões reduzidas, enquanto os objetos, ou detalhes, pequenos necessitarão de uma representação ampliada. Por exemplo, o desenho de uma planta de uma casa é feito com uma escala de redução (em geral 1:50), já o desenho de um alfinete, devido seus detalhes mínimos, será feito com uma escala de ampliação (por exemplo, 5:1).

As escalas, em Desenho Técnico Projetivo, são utilizadas para ampliar ou reduzir o objeto projetado (ou ainda mantendo as dimensões, como na escala 1:1), de acordo com a precisão desejada e disponibilidade de área de papel para execução de um desenho. Existem dois tipos básicos de escalas: a gráfica e a numérica, sendo a primeira mais utilizada em desenhos cartográficos ou de mapas, enquanto os Desenhos Técnicos Projetivos usam escalas numéricas de redução e ampliação. Desenhos cartográficos ou de mapas, que não são abordados neste livro, também costumam usar escalas numéricas.

Na prática, existem os instrumentos chamados escalímetros, normalmente no formato prismático triangular, que já tem as réguas graduadas com diversas escalas. Nestes escalímetros são impressas seis escalas, duas em cada face do prisma. Observa-se que, numa mesma face ou escala, por exemplo, 1:50, tanto se pode usar como escala de ampliação, quanto de redução, bastando trabalhar (pensar) com potências de 10. Esta escala de 1:50, também pode ser 1:500, 1:5 ou 1:0,5. Como 1:0,5 = 2, a escala 1:0,5, em verdade, é de ampliação 2:1, onde a medida do desenho está indicada com o dobro do valor real.

Escala gráfica

A escala gráfica é representada sob a forma de um segmento de reta, normalmente subdividido em seções e ao longo do qual são registradas as distâncias reais correspondentes às dimensões do segmento.

A escala gráfica simples é uma reta dividida em unidades na razão da escala. Gradua-se a reta, a partir do ponto zero, com uma unidade básica maior para a esquerda, e para a direita marca-se a mesma unidade básica maior tantas vezes quantas forem suficientes. A unidade da esquerda chama-se talão ou extensão e acha-se subdividida em unidades menores. Vejamos o exemplo abaixo, muito comum em mapas.

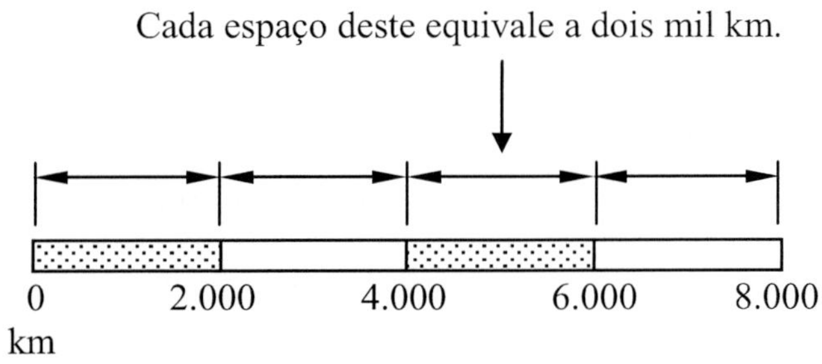

Escalas numéricas: natural ou 1:1, de redução e ampliação. O escalímetro

A escala numérica compreende três tipos: A) a natural ou 1:1, onde as medidas do desenho e do objeto representado são iguais, ou seja, uma unidade do desenho corresponde a uma unidade do objeto; B) a escala de redução, onde as medidas do desenho são menores que as do objeto representado. Exemplos: 1:20, 1:25, 1:50, 1:75, 1:100 e 1:125 e C) a escala de ampliação, onde as medidas do desenho são maiores que a do objeto representado. Exemplos: 2:1 e 5:1.

A escala numérica é uma razão de semelhança entre as medidas do desenho e as medidas reais do objeto. Esta razão de semelhança compreende três elementos: 1) a medida gráfica no desenho (D); 2) a medida real do objeto (O) e 3) a razão ou título da escala (K). Matematicamente esta razão é indicada por: K = D/O. (MICELI e FERREIRA, 2008).

Quando se diz que um desenho está na escala de ampliação de 2:1 (dois para um), significa que duas unidades do desenho correspondem a uma unidade do objeto. Ao usar uma escala de redução de 1:50 (um para cinquenta), significa que uma unidade do desenho corresponde a cinquenta (50) unidades do objeto.

Vamos supor que uma planta de uma casa seja feita na escala 1:25 (ou um para vinte e cinco). Esta escala numérica significa que a unidade de comprimento, no desenho, vale vinte e cinco vezes essa mesma unidade no terreno.
Normalmente estes escalímetros vêm com as seguintes réguas: 1:20, 1:25, 1:50, 1:75, 1:100 e 1:125, embora existam outras réguas, com outras escalas, utilizadas em situações especiais.
Na figura a seguir vê-se na parte superior, o início da escala 1:200, onde a primeira marcação equivale a 1 metro. Na parte inferior vê-se o mesmo 1 metro, porém na escala 1:100, ou seja, o mesmo 1 metro representado por uma distância duas vezes maior, pois 1:100 é duas vezes maior do que 1:200.

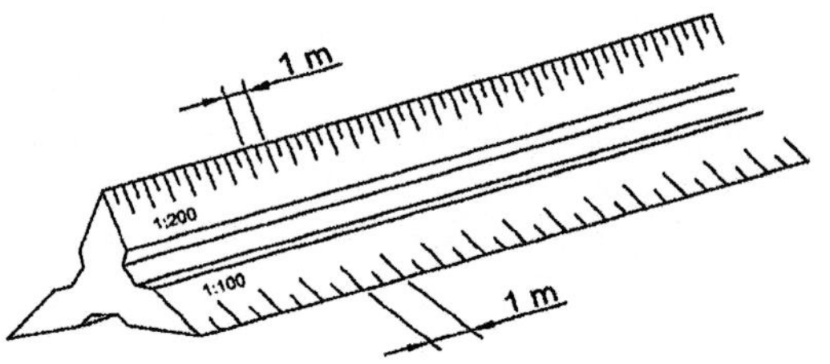

Este é o formato dos escalímetros, normalmente vendidos no comércio de artigos de desenho técnico e usado por desenhistas e outros profissionais da área.

Quando se observa na régua uma escala de 1:200, em verdade isto significa que, aquele pequenino espaço equivale a um metro na realidade, pois está reduzido em 200 vezes. Agora vamos entender isto melhor.
1 metro é igual a 1.000 milímetros. Se dividirmos 1.000 mm por 200, achamos 5 mm (1.000 mm/200 = 5 mm). Agora se pegarmos um outro escalímetro (ou até uma régua de plástico graduada em centímetros) e colocarmos próximo a este 1 metro na escala de 1:200, veremos que tem 5 mm ou 0,5 centímetro.
Outro exemplo. Se observarmos a régua 1:100, veremos que o primeiro número equivalente a 1 metro, tem exatamente 1 centímetro (é só conferir com uma régua de plástico). Como assim? É simples. 1:100 significa 1 metro dividido por 100, ou seja, 1.000 mm/100, que é igual a 10 mm ou 1 cm.
Esta mesma régua 1:100, pode ser usada como 1:10, sendo que neste caso, a primeira marcação não será equivalente a 1 metro, mas sim 10 vezes menos, ou seja, 100 mm ou 10 cm. 1 metro é 10 vezes maior do que 10 cm.

1.7.3 O par de esquadros sem escala ou liso (sem marcação de medidas)

Embora no comércio existam pequenos esquadros de plástico, com marcações em centímetros e milímetros, em uma das bordas, o autor não recomenda o uso dos mesmos, pois, embora sejam mais baratos do que os recomendados a seguir, quebram com muita facilidade, além do fato de que medidas devem ser feitas com réguas ou escalímetros. O par de esquadros recomendado, a seguir descrito, são chamados de esquadros para Desenho Técnico, fabricados em acrílico, com dois milímetros (2 mm) de espessura.
O par de esquadros é composto por um triângulo isósceles, com dois ângulos de 45° (quarenta e cinco graus) e outro triângulo escaleno, com um ângulo de 30° (trinta graus) e um ângulo de 60° (sessenta graus). Os esquadros são utilizados para traçar retas paralelas e perpendiculares, além de ângulos, como será detalhado mais a frente. Os dois esquadros são diferentes na forma e nas medidas.
No mercado existem pares de esquadros das mais variadas dimensões, mas para os objetivos do ensino de Desenho Geométrico, no Ensino Fundamental, esquadros com a hipotenusa do esquadro de 45° igual a cerca de 21 cm, e o lado maior do esquadro de 30° , 60° de 26 cm, atendem e permitem todas as atividades da disciplina. Veja figura a seguir, que mostra as dimensões e detalhes dos esquadros recomendados.
Os esquadros são triângulos retângulos, onde os lados menores são chamados catetos e os maiores hipotenusas. Os triângulos são estudados no capítulo 3 desse livro.

As aberturas ou partes vazadas, dentro dos esquadros, permitem um melhor manuseio com os dedos.

Têm que ser utilizados esquadros lisos e transparentes, ou seja, sem marcação de medidas. Em Desenho Geométrico, medidas são feitas ou com a régua graduada ou com o escalímetro.

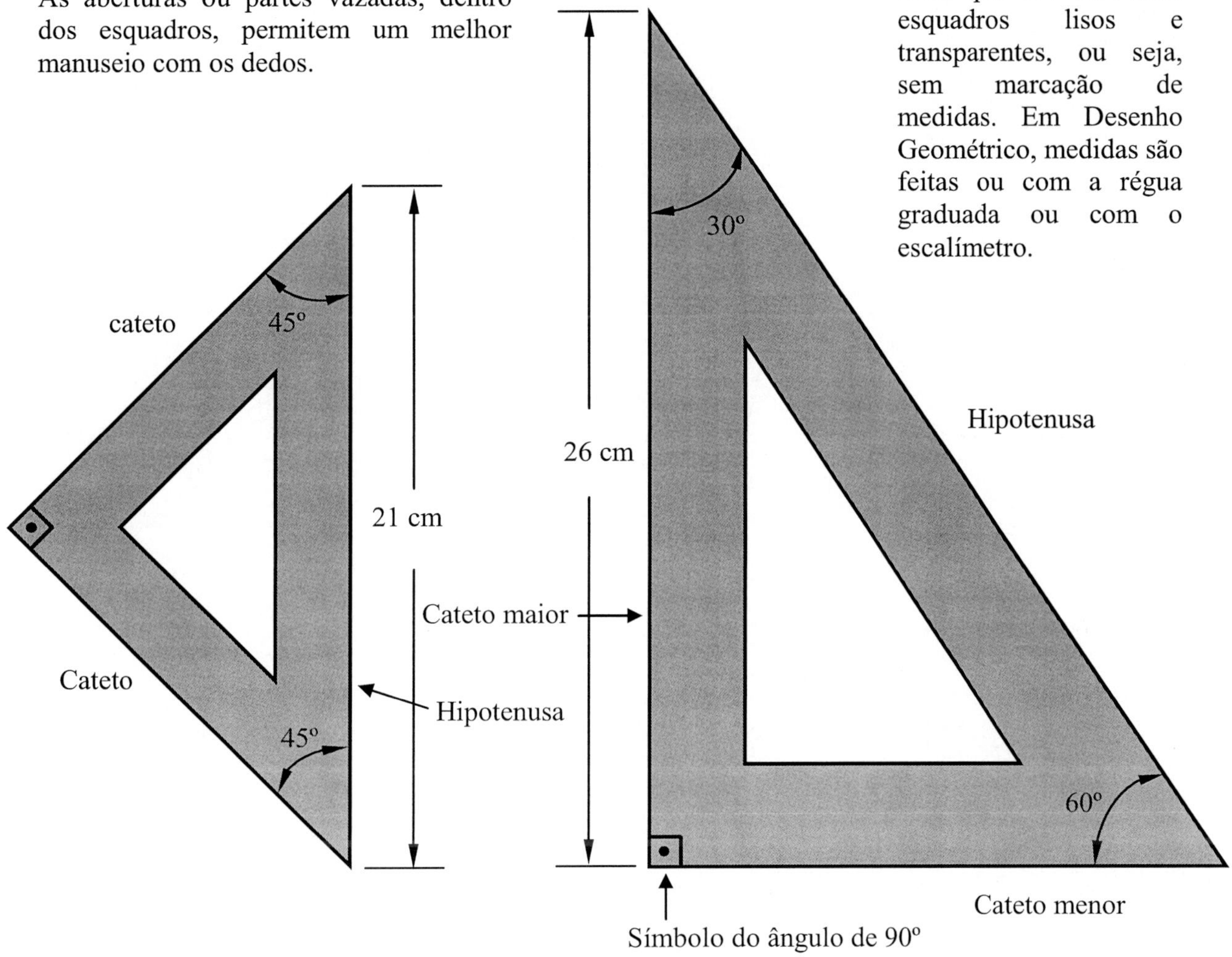

No esquadro de 45° os catetos têm as mesmas medidas, e para a hipotenusa de 21 cm, cada cateto mede cerca de 15 cm. No esquadro 30°, 60°, para o cateto maior igual a 26 cm, o cateto menor mede cerca de 15 cm e a hipotenusa mede cerca de 30 cm.

O par de esquadros acima, com as dimensões indicadas, atende plenamente ao necessário para aulas de Desenho Geométrico no Ensino Fundamental.

1.7.4 O compasso

A função principal do compasso é traçar circunferências e arcos, sendo fundamental, por exemplo, para o desenho de concordâncias. Outra função importante do compasso é transferir medidas e fazer marcações. Existem diversos tipos de compassos à venda no mercado, desde os mais simples, de baixo preço até estojos de compasso com vários acessórios, de alto custo. Para as atividades da prática do Desenho Geométrico, deve ser utilizado um compasso chamado para "Desenho Técnico", de metal e com articulações que permitam traçar circunferências de até 20 centímetros de diâmetro, ou seja, 10 centímetros de raio.

Ao adquirir um compasso com essas características, o aluno terá um material para uso em todo o Ensino Fundamental e Médio, também podendo ser utilizado nos cursos superiores de Arquitetura, *Design* e Engenharia.

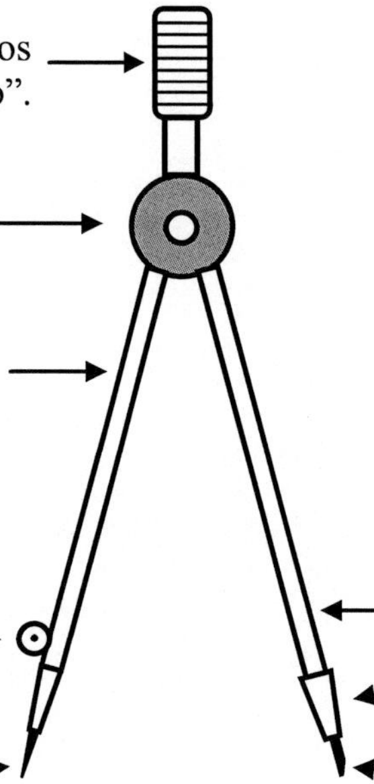

Observações:

1 – *A ponta seca é um pequeno pedaço de aço, parecido com um alfinete, ou seja, uma ponta que pode causar ferimento. Já há anos que os compassos são vendidos com uma proteção de plástico na ponta seca.
2 – Recomenda-se o uso de grafite tipo B para o compasso.
3 – A ponta de grafite deve ter um chanfro ou bisel, que deve ser feito com lixa de unha. O chanfro é mostrado abaixo.

Assim deve ser a ponta de grafite.

1.7.5 Lápis preto, lapiseiras e lápis de cor

Para a prática da disciplina Desenho Geométrico, tanto podem ser usados lápis preto, quanto lapiseiras, sendo estas mais caras. O lápis tem o inconveniente de precisar ser apontado, à medida que vai sendo utilizado, pois o grafite do lápis vai sendo depositado no papel. No caso da lapiseira, basta ir regulando a ponta do grafite.
Tanto no lápis, quanto na lapiseira, devem ser utilizados o grafite B. Para ir afinando a ponta do lápis pode-se usar lixa de unha.
Como em Desenho Geométrico é possível a prática da chamada "Arte Geométrica", ou seja, desenhos geométricos coloridos, também recomenda-se ter uma caixa de 12 lápis de cor, normalmente já solicitada e usada nas aulas de Educação Artística.

1.7.6 Transferidor

É um instrumento para marcar ângulos, diferentes daqueles que têm no par de esquadros. Recomenda-se o uso do transferidor de 360 graus, de plástico, como na imagem, e na espessura de 3 mm.

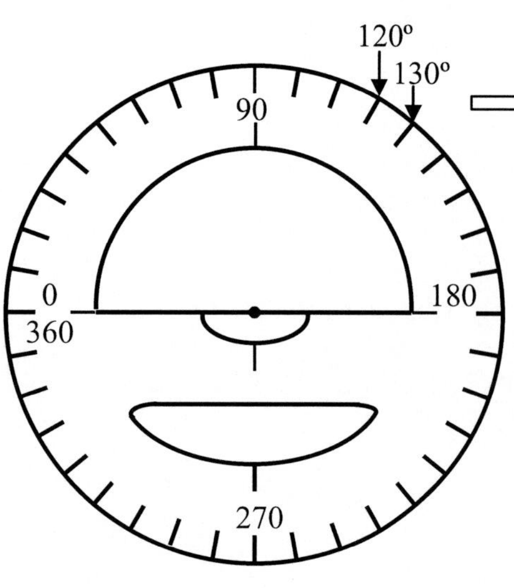

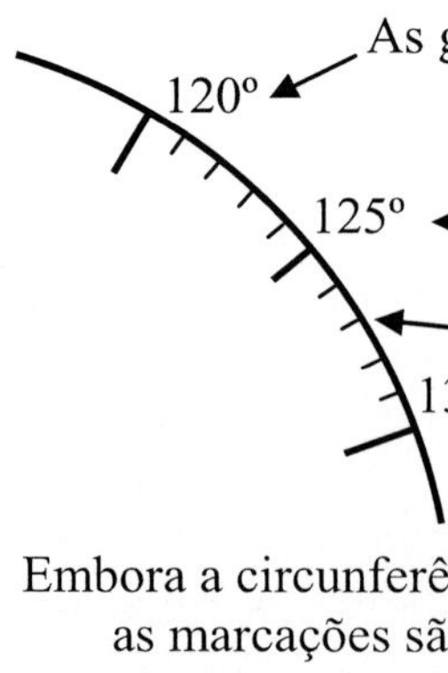

Embora a circunferência seja dividida em 360 partes, as marcações são escritas de 10 em 10 graus.

No mercado existem à venda diversos tipos de transferidores, a grande recomendação é que seja um com a marcação dos 360 graus, ou seja, no formato de uma circunferência. Existem também os de meia circunferência, mas que não são os mais adequados para a prática dos Desenhos Geométricos.

1.7.7 Borracha plástica, para desenho a grafite em papel

Existem vários modelos, em várias cores. Outra opção são as chamadas borrachas plásticas tipo caneta, que são redondas e também funcionam bem para a prática do Desenho Geométrico. Também são apresentadas em várias cores. Não devem ser usadas as clássicas borrachas na cor verde, pois mais sujam o papel do que apagam.

1.7.8 Caderno para execução dos desenhos geométricos

Deve ser utilizado caderno em espiral, com capa dura, com folha branca lisa e papel *canson*. Observa-se que as folhas de papel A4, normalmente fornecidas em pacotes com 100 ou 500 folhas, não são as mais adequadas para a prática da disciplina Desenho Geométrico. No caderno em espiral com capa dura, o aluno do Ensino Fundamental, vai mantendo, ano após ano, todas as atividades juntas, tal e qual os cadernos das demais disciplinas. Tal e qual a Matemática, o aprendizado do Desenho Geométrico é um processo acumulativo, ou seja, o aluno vai utilizar no 7º ano, as bases que estudou no 6º e assim sucessivamente.

1.7.9 Pasta plástica para a guarda e transporte do material de desenho

É a pasta onde devem ser guardados e mantidos, todos os materiais de desenho já citados. Tanto podem ser usadas as pastas de aba tipo elástico (menor custo), quanto as de alça. As de aba tipo elástico são mais apropriadas para colocar na mochila, que carrega também outros cadernos e livros, de outras disciplinas.

1.8 O manuseio do par de esquadros

Com os esquadros de 45º e 30º x 60º é possível inúmeras posições, permitindo o traçado de retas paralelas, perpendiculares, bem como de ângulos dos próprios esquadros. A seguir são mostradas as posições mais utilizadas, para traçar retas na horizontal e na vertical, bem como perpendiculares entre si, observando-se que existem inúmeras possibilidades de posições. É importante que os dois esquadros sejam usados ao mesmo tempo, seja qual for a posição adiante, pois assim permitem o traçado de paralelas e perpendiculares, com apenas uma movimentação ou deslizamento.

Esquadro de 45º na vertical

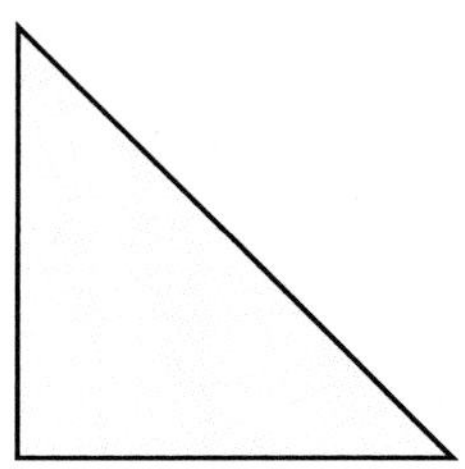

Esquadro de 30º x 60º na vertical

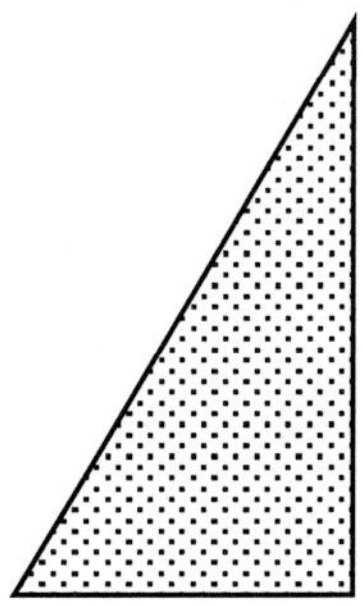

← ou →

Para desenhar linhas horizontais.
O esquadro de 30º x 60º pode ficar posicionado à esquerda ou à direita.

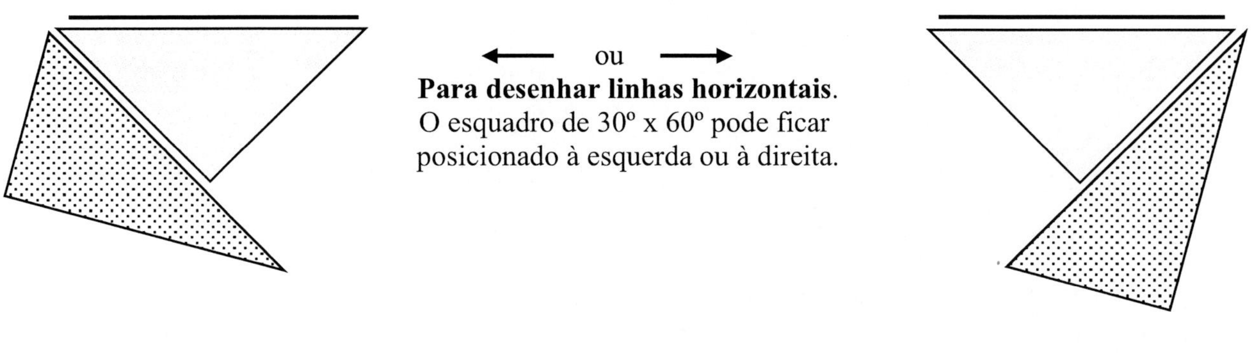

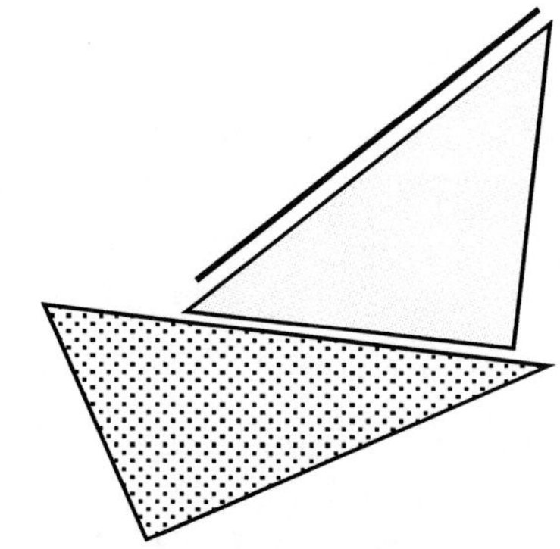

← ou →
Para desenhar linhas inclinadas,
à direita ou à esquerda.

Observa-se que, com o deslizamento dos esquadros, para cima ou para baixo e para os lados, são traçadas retas paralelas.

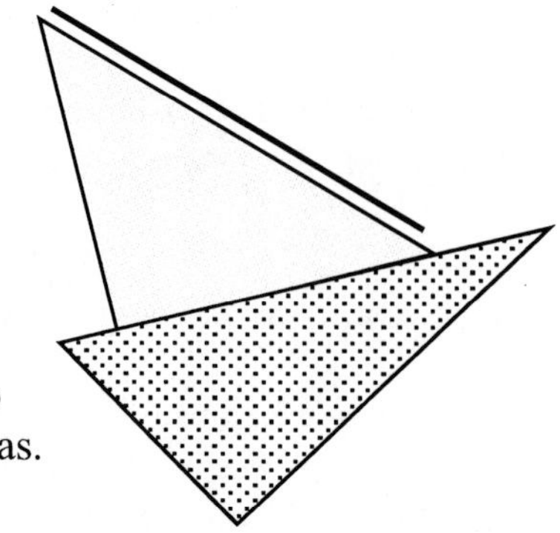

1.8.1 Traçando retas paralelas com o par de esquadros

Com a movimentação e o deslizamento dos esquadros, para a direita e/ou para a esquerda, para cima e/ou para baixo, é possível traçar retas paralelas, nas mais diversas posições, como a seguir mostrado. Observa-se que, na internet é possível visualizar todos esses movimentos, com vídeos aulas, onde professores demonstram, tanto na lousa, quanto em folhas de papel, os mais variados movimentos, para obter retas paralelas, nos mais diferentes sentidos.

Paralelas horizontais

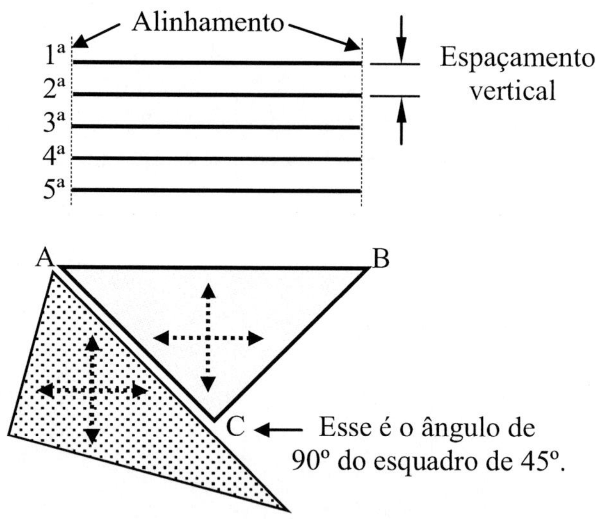

Para essa sequência de cinco retas horizontais paralelas de mesmo comprimento, a partir da 1ª, os dois esquadros vão sendo movimentados da seguinte forma: o de 30º x 60º para baixo e um pouco para a esquerda e direita, e o de 45º para baixo, mas também para a esquerda e para a direita, de forma se ter as paralelas com o mesmo espaçamento e alinhamento.

Essa sequência de movimentos, permite traçar várias paralelas, de mesmo comprimento, com o mesmo espaçamento vertical.

O traçado das paralelas é de cima para baixo, para não se correr os esquadros sobre linhas já traçadas, o que pode "sujar" a folha, ao se passar o esquadro sobre as linhas já traçadas.

Observa-se que, os vértices A, B e C, são os do esquadro de 45º.

Paralelas inclinadas à esquerda a 45º

Paralelas verticais

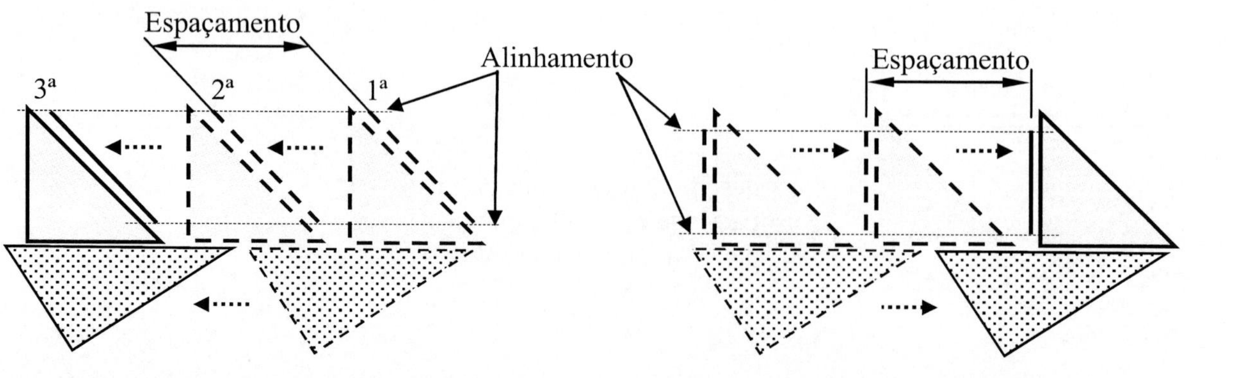

Os dois esquadros se movimentam apenas para a esquerda, para não correrem sobre linhas já traçadas.

Os dois esquadros se movimentam apenas para a direita, para não correrem sobre linhas já traçadas.

1.8.2 Traçando retas perpendiculares com o par de esquadros

Obviamente retas são perpendiculares a uma reta “r” já traçada, seja horizontal, vertical ou inclinada à direita ou à esquerda. A seguir é mostrada a sequência de uma perpendicular “s” a uma reta horizontal “r”.

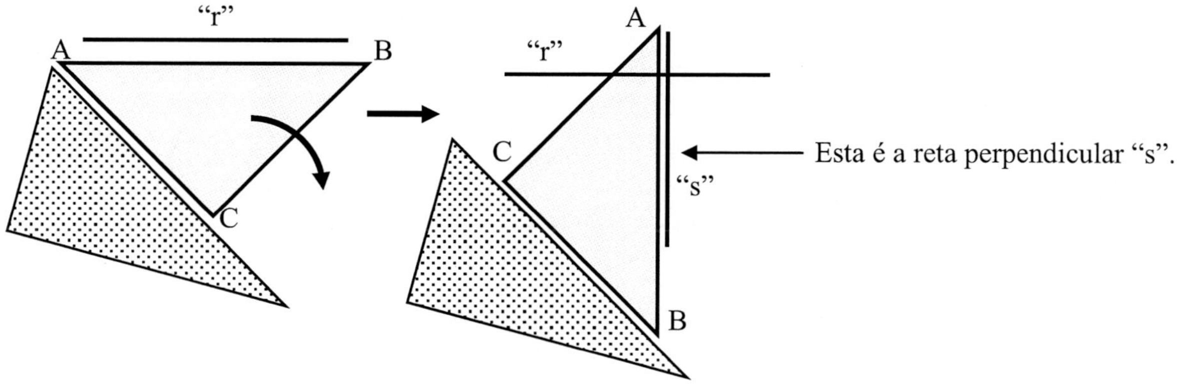

Também se obtém uma perpendicular, posicionando os esquadros como a seguir mostrado:

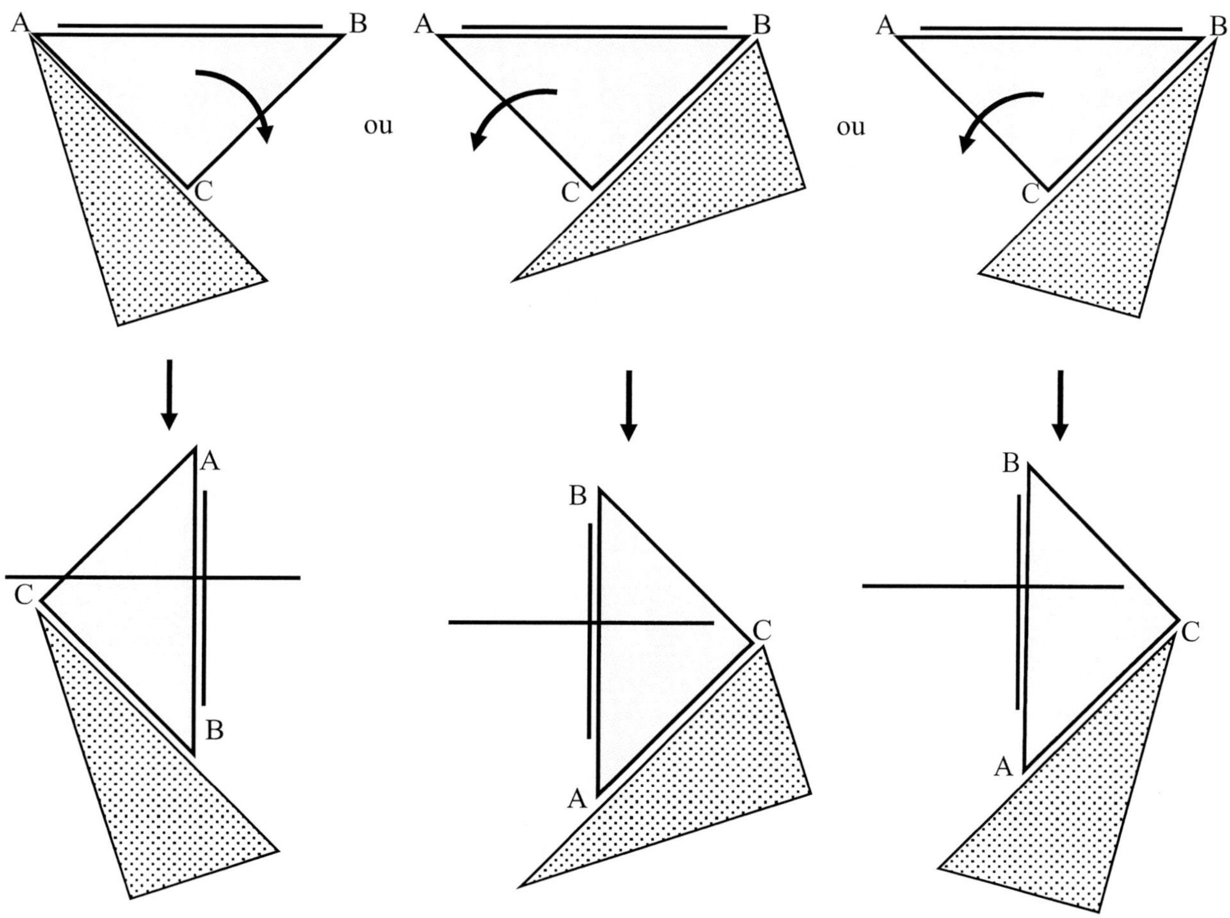

A confirmação de que, realmente se têm perpendiculares, pode ser feita, usando um dos esquadros, posicionando o ângulo reto de 90º como mostrado a seguir:

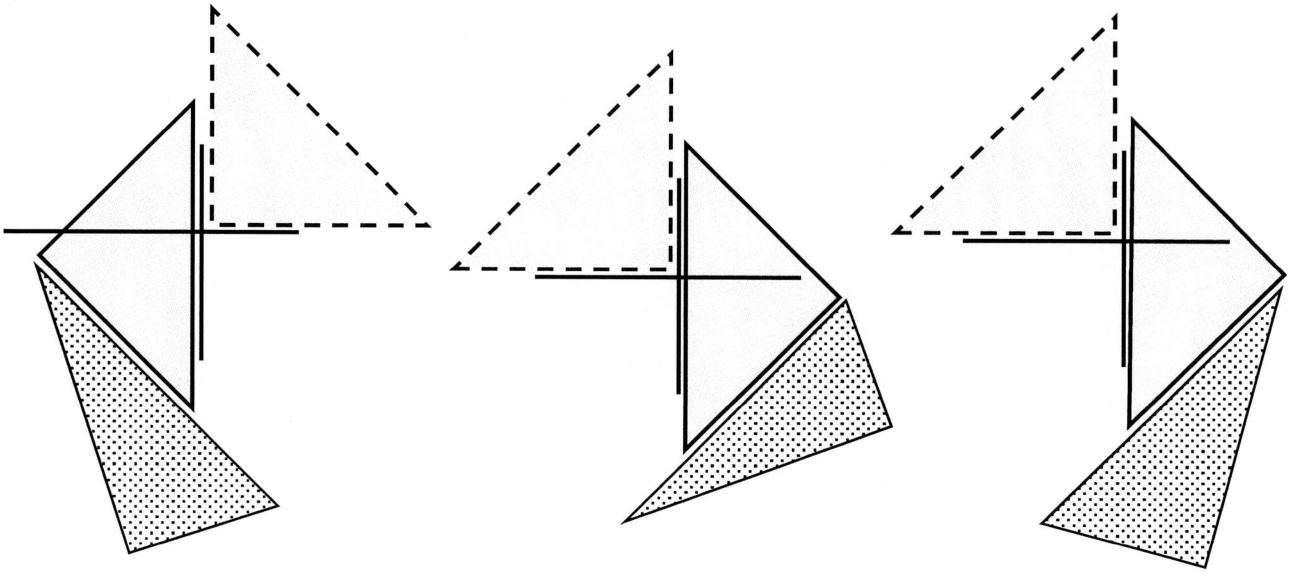

1.9 Exercícios resolvidos

1.9.1) Utilizando o par de esquadros e a régua (ou o escalímetro), trace quatro linhas horizontais paralelas, finas (conhecidas como linhas guias), de comprimento 16 cm, para altura de letras maiúsculas tipo bastão, de 5 mm ou 0,5 cm. Entre uma linha e outra de letras, deixe um espaço vertical de 3 mm. Essas quatro linhas paralelas resultam em duas linhas para a escrita do seguinte texto: A PRÁTICA DA ESCRITA NO PAPEL, COM LETRAS TIPO BASTÃO MAIÚSCULAS, É UM BOM TREINO.

O traçado das paralelas horizontais obedece ao parágrafo 1.8 e o traçado das paralelas com espaço vertical de 3 mm obedece ao parágrafo 1.8.2.

Desenho das linhas:

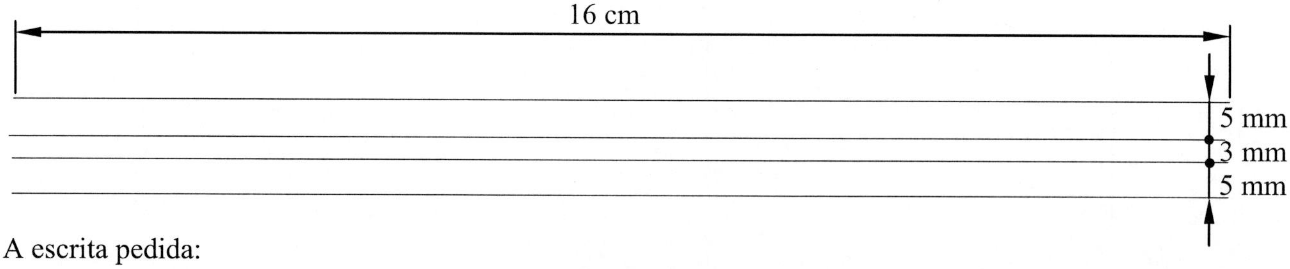

A escrita pedida:

A PRÁTICA DA ESCRITA NO PAPEL, COM LETRAS
TIPO BASTÃO MAIÚSCULAS, É UM BOM TREINO.

Observa-se que no texto acima, livro foi utilizada a letra arial tamanho 19, no programa Word.

1.9.2) Utilizando o par de esquadros, segundo o parágrafo 1.8 traçar linhas guias com o esquadro de 45º e desenhar: a) ângulo de 30º à direita e para cima; b) ângulo de 60º à esquerda e para baixo e c) ângulo de 45º para baixo e à esquerda.

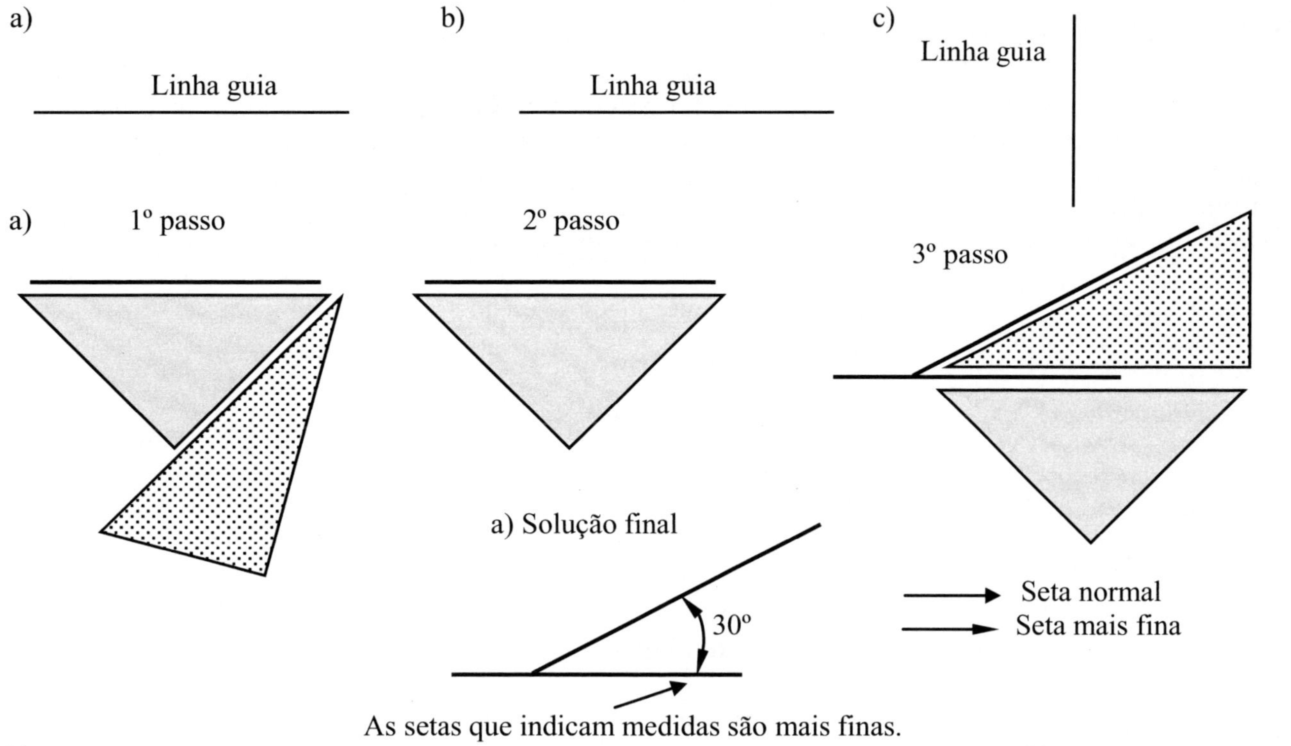

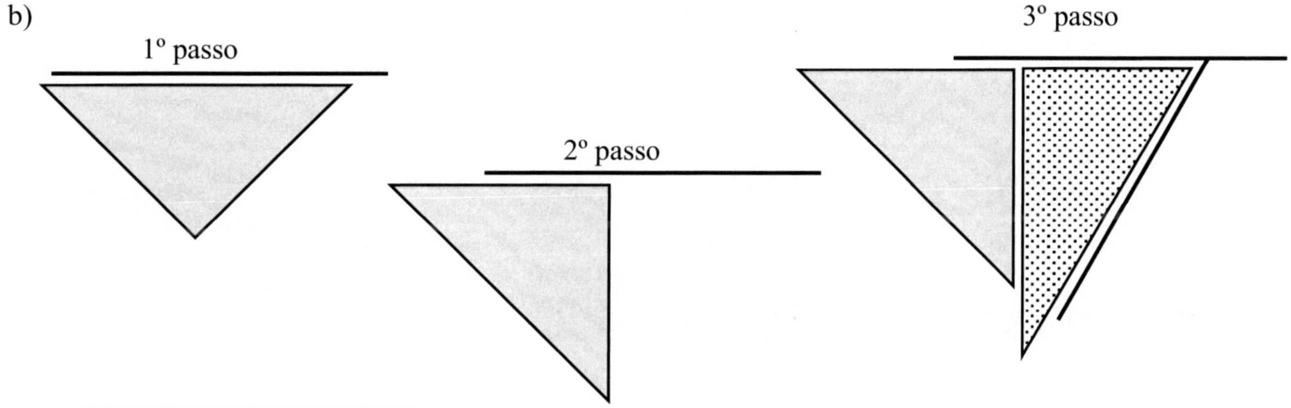

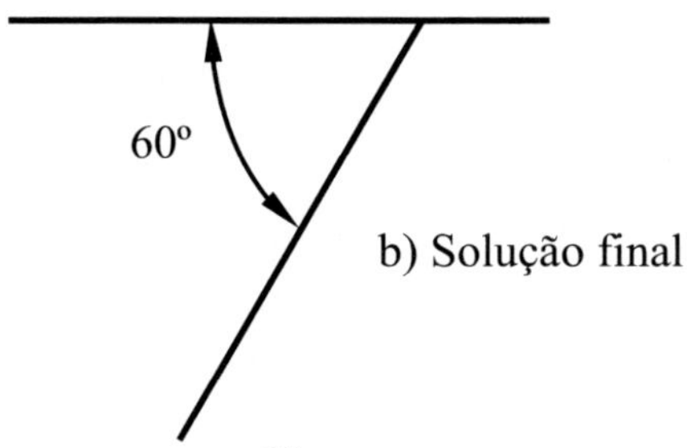

Observa-se que existem outras posições possíveis, para se chegar ao mesmo resultado. Também é fato que pessoas destras e canhotas possam posicionar os esquadros de formas diferentes, para obter o mesmo resultado.

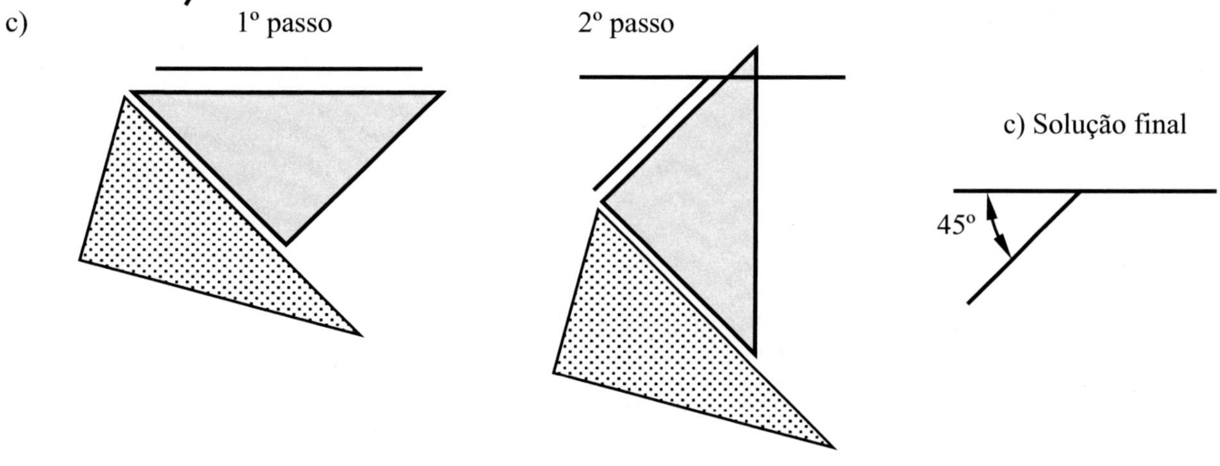

1.10 Exercícios propostos

1.10.1) Utilizando o par de esquadros e a régua (ou o escalímetro), trace quatro linhas horizontais paralelas, finas (conhecidas como linhas guias), de comprimento 16 cm, para altura de letras maiúsculas tipo bastão, de 3 mm. Entre uma linha e outra de letras, deixe um espaço vertical de 2 mm. Essas quatro linhas paralelas resultam em duas linhas para a escrita do seguinte texto: O ESTUDO E A PRÁTICA DO DESENHO GEOMÉTRICO MELHORAM A INTELIGÊNCIA VISO ESPACIAL.

1.10.2) Considerando as linhas guias a seguir, desenhar ângulos de 30º, 45º e 60º à direita.

a)

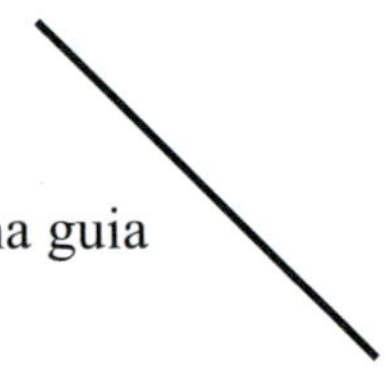

Linha guia

b)

c)

1.11 Fazendo Arte com paralelas e perpendiculares

Com simples desenhos de paralelas e perpendiculares, preenchidas com as mais variadas cores, é possível criar verdadeiras obras de Arte, por exemplo, com as bandeiras de países e estados brasileiros. Observa-se que, cada bandeira tem suas dimensões, proporções e cores muito bem definidas, sendo regulamentadas por leis específicas. As bandeiras a seguir mostram exemplos de Arte Geométrica, em especial com paralelas e perpendiculares.

Bandeira da Noruega

Bandeira da Dinamarca

Bandeira da Ucrânia

Bandeira da Suécia

Bandeira da Paraíba

Bandeira de Goiás

Curiosidade histórica

A palavra "NEGO", na bandeira da Paraíba, foi criada em 1930, quando o Brasil vivia a política "café com Leite", quando os indicados a presidentes da República eram apenas de Minas Gerais (leite) ou de São Paulo (café). O ex-governador da Paraíba, João Pessoa, não aceitava, ou melhor, negava essas indicações.

Pesquisa na internet

Para as seis bandeiras acima, pesquisar o significado das cores, bem como das imagens que aparecem. Por exemplo, em relação à bandeira de Goiás: qual o significado das cinco estrelas brancas, dentro do retângulo azul? Qual a razão da estrela central ser menor que as outras quatro? Lembra-se que estrelas podem ser desenhadas usando o programa Word.

Capítulo 2

Polígonos no plano cartesiano. Simetrias e isometrias de: translação, rotação e reflexão. Homotetia

2.1 As coordenadas cartesianas e os polígonos nos quatro quadrantes

O plano cartesiano foi descrito no parágrafo 2.1, capítulo 2, do livro Desenho Geométrico I, como o espaço R^2 (comprimento e altura) ou de duas dimensões, representadas pelo eixo X das abscissas e eixo Y das ordenadas. No volume 1, foi citado apenas o 1º quadrante, mas a seguir são mostradas imagens de triângulos, quadrado e retângulo, em cada um dos quatro quadrantes.

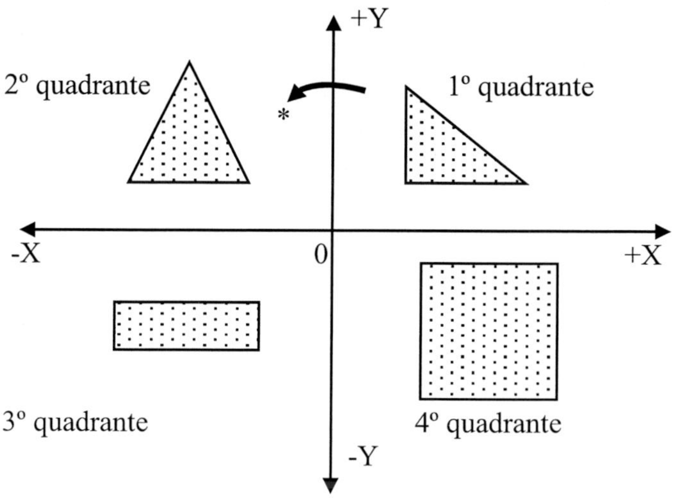

Sinal das coordenadas cartesianas em cada um dos quatro quadrantes

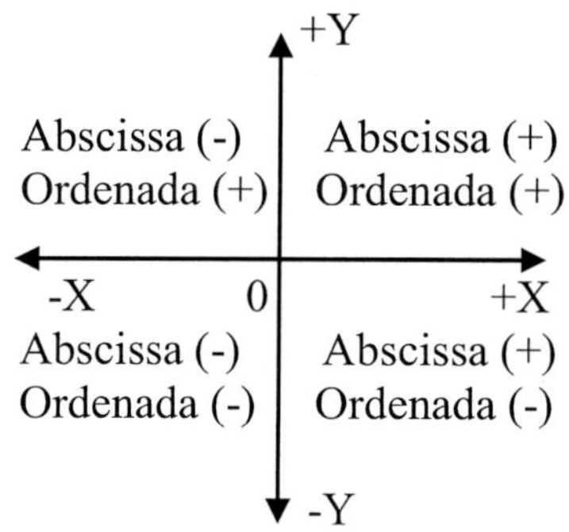

*Lembra-se que, a partir do 1º quadrante, os demais crescem no sentido anti-horário.

Exemplos de polígonos, em cada quadrante, com as suas coordenadas cartesianas:

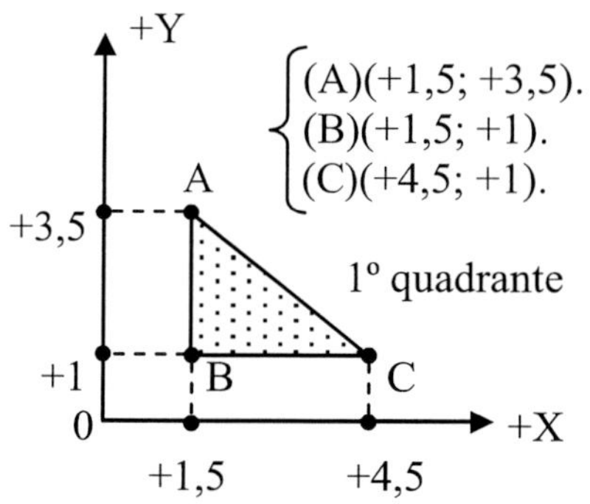

À esquerda temos um triângulo retângulo escaleno (os três lados têm medidas diferentes), representado no 1º quadrante, com as abscissas (coordenadas x) e as ordenadas (coordenadas y) de sinais positivos. Observa-se que, no Ensino Fundamental é recomendado que as coordenadas sejam expressas em centímetros. Neste caso foi utilizada uma redução ou escala (veja parágrafo 1.7.2), onde cada unidade está equivalente a 0,5 cm.

(A)(+1,5; +3,5) => abscissa +1,5 e ordenada +3,5.

À direita temos um triângulo equilátero de lados igual a 3 unidades de comprimento. Aqui também foi utilizada uma redução ou escala (veja parágrafo 1.7.2), onde cada unidade está equivalente a 0,5 cm. *O cálculo da ordenada do ponto C, igual a +3,6 é feito a partir de uma análise trigonométrica, onde o segmento CD é o cateto maior do triângulo retângulo ACD. CD também é a altura do triângulo retângulo. Análises trigonométricas são estudadas, normalmente no 1º ano do Ensino Médio.

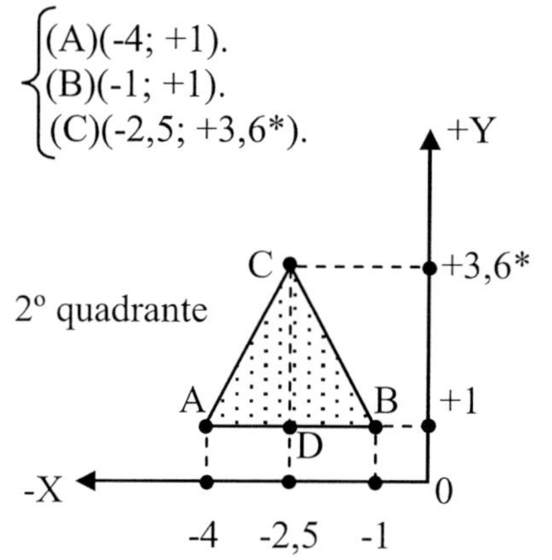

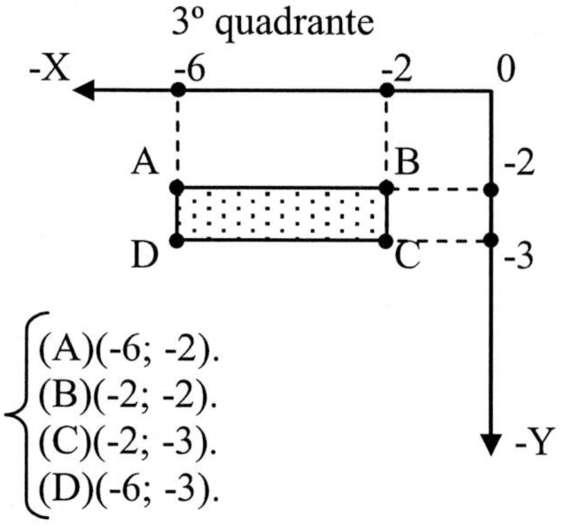

À esquerda temos um retângulo de lados 1 x 4 unidades de comprimento, tendo sido utilizada uma redução ou escala (veja parágrafo 1.7.2), onde cada unidade está equivalente a 0,5 cm. Observa-se que no 3º quadrante, abscissas (eixo X) e ordenadas (eixo Y), têm valores negativos.

À direita temos um quadrado de lados iguais a quatro unidades de comprimento, tendo sido utilizada uma redução ou escala (veja parágrafo 1.7.2), onde cada unidade de comprimento está equivalente a 0,5 cm.

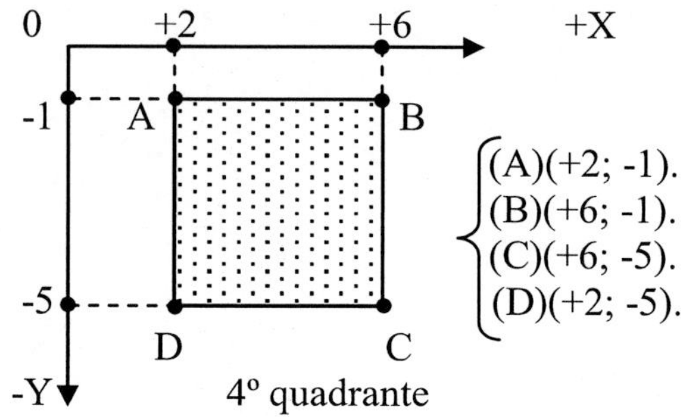

2.1.1 Exercícios resolvidos

2.1.1.1) Desenhe um triângulo retângulo de lados AB = 4 cm E AC = 3 cm, conhecendo as seguintes coordenadas: (A)(+2; +2) e (B)(+6; +2). O triângulo tem que estar inteiramente no 1º quadrante. Utilize uma escala, onde cada unidade de comprimento esteja equivalente a 0,5 cm. Quais as coordenadas cartesianas do vértice C? Qual a medida do lado BC?

Raciocínio lógico matemático geométrico: considerando o 1º quadrante, em princípio, o vértice C, pode estar para cima ou para baixo, em relação ao eixo X, como mostrado à direita. Entretanto, como o enunciado cita que o triângulo tem que estar inteiramente no 1º quadrante, a posição em que o triângulo será desenhado é a marcada com I.
A seguir é mostrado, passo a passo, como se desenha o triângulo pedido.

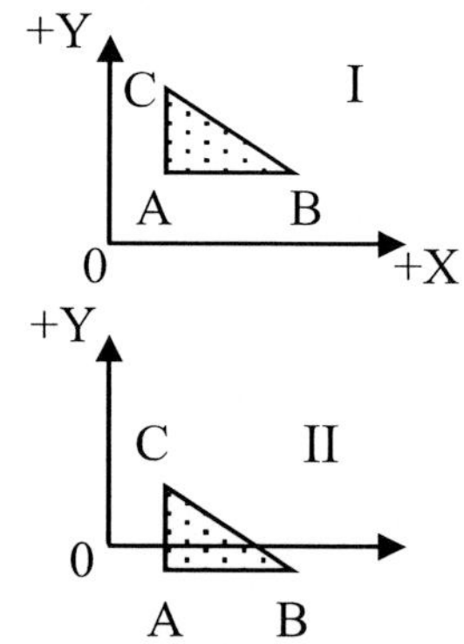

1º Passo: desenho os eixos coordenados X e Y, traçando perpendiculares, com o par de esquadros:

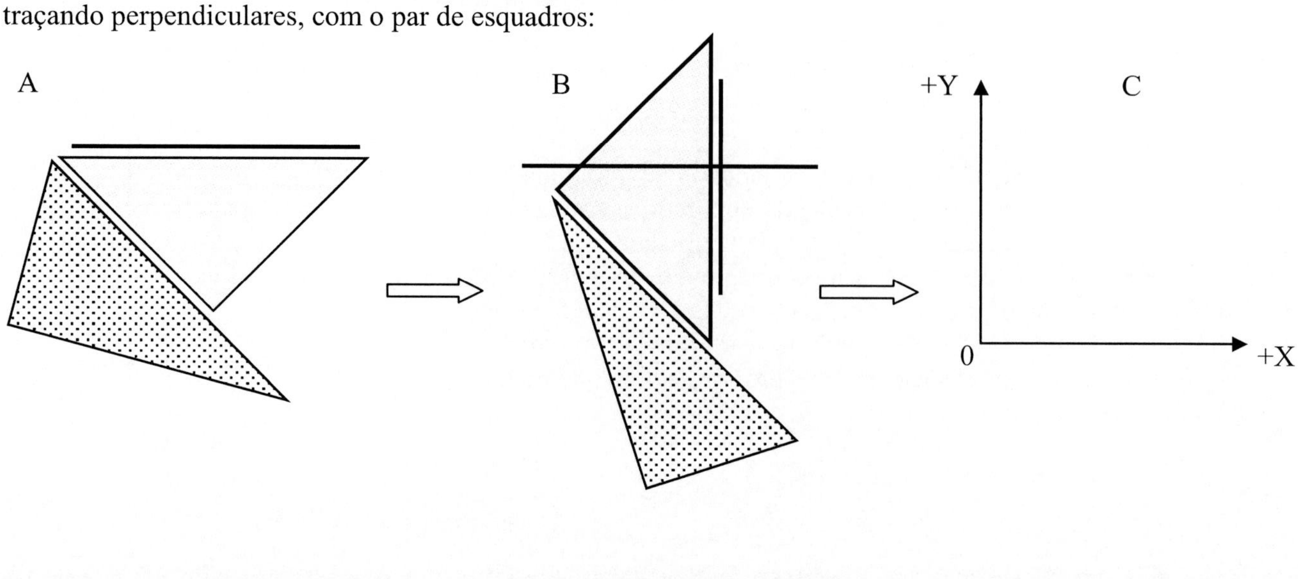

2º Passo: Marco as coordenadas dos vértices A e B:

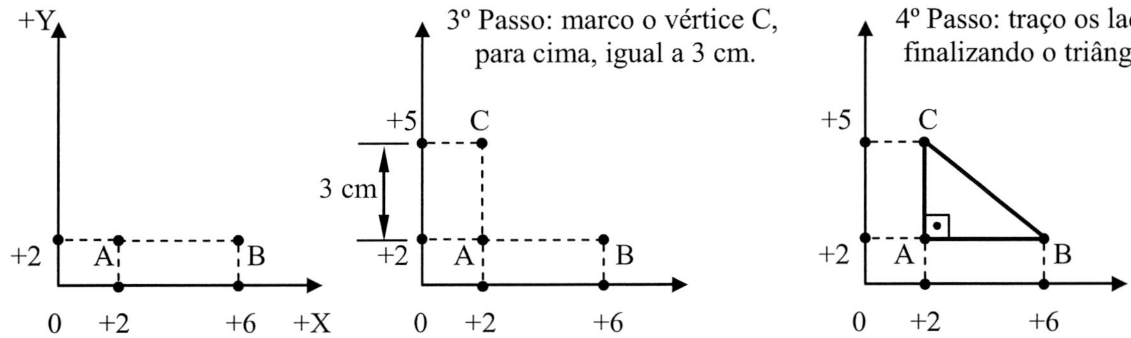

Coordenadas cartesianas do vértice C: a abscissa de C é igual a de A, ou seja, igual a +2. A ordenada de C é igual a de A, mais 3 cm, ou seja, igual a +5. Portanto: (C)(+2; +5).

Qual a medida do lado BC? No capítulo 2, do livro "Desenho Geométrico I", está demonstrado graficamente o Teorema de Pitágoras, a seguir reproduzido:

Constata-se que: a soma dos quadradinhos dos lados menores ou catetos é igual ao total de quadradinhos do lado maior ou hipotenusa (9 + 16 = 25). Ou seja: comprova-se o "Teorema de Pitágoras".

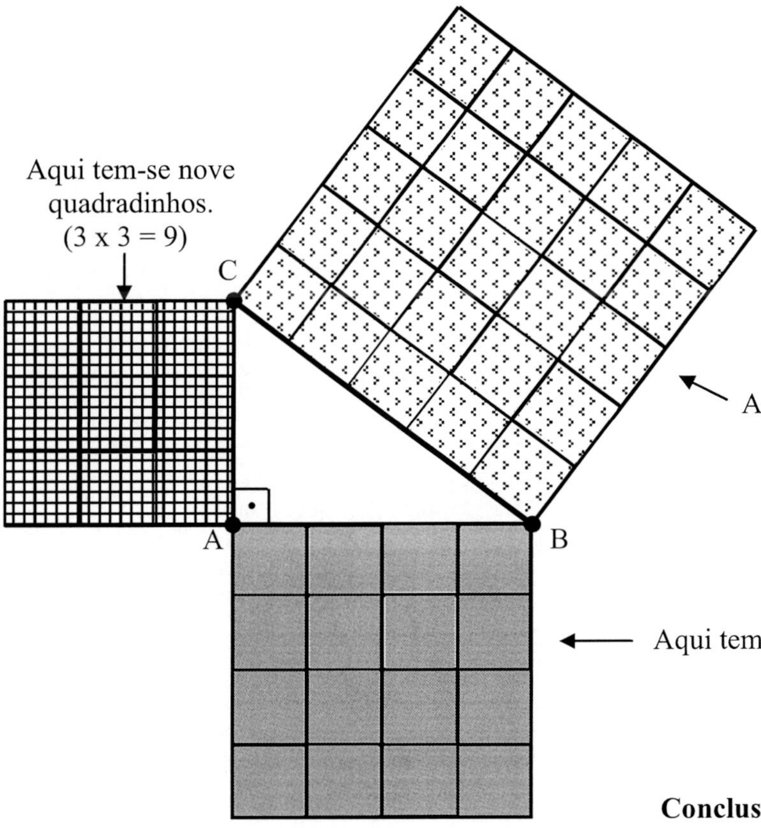

Aqui tem-se 25 quadradinhos (5 x 5 = 25).

Aqui tem-se 16 quadradinhos (4 x 4 = 16).

Conclusão: o lado BC mede 5 cm.

2.1.1.2) Dadas as sequências de pontos a seguir, plotar cada um no plano cartesiano, unir os pontos dois a dois, definindo qual polígono surge: a) (A)(+2; +1,5), (B)(+6; +3) e (C)(+4; +1) e b) (D)(-1; -1), (E)(-1; +1), (F)(+1; +1), (G)(+1; -1). Considerar os valores em centímetros. Utilizar o par de esquadros e a régua graduada ou escalímetro, para traçar os eixos X e Y e os lados dos polígonos.

Raciocínio lógico matemático geométrico: inicialmente faz-se uma análise de em quais quadrantes estão os pontos. Na sequência, traçam-se os eixos cartesianos X e Y, para cada um dos quadrantes.

Ponto A: abscissa positiva e ordenada positiva, está no 1º quadrante. Ponto B: também no 1º quadrante, bem como ponto C. Figura ABC está no 1º quadrante.

a) Triângulo equilátero obtusângulo, pois α é maior do que 90º.

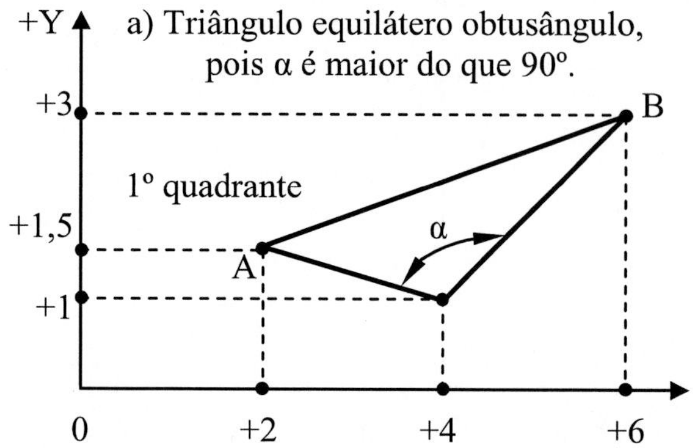

b) Um quadrado, como abaixo:

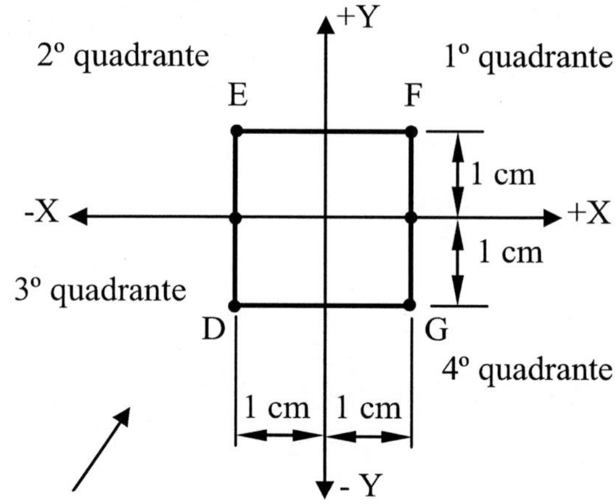

Observa-se que, neste quadrado, de lado 2 cm, cada vértice está em um quadrante.

2.1.1.3) Considerando um polígono de vértices A, B, C, D, E, F, G e H, inscrito a uma circunferência de diâmetro 5 cm e com centro na origem dos eixos cartesianos, ou seja: (0)(0; 0), começando em 0º, trace os ângulos trigonométricos de 45º, 90º, 135º, 180º, 225º, 270º, 315º e 360º. Em cada interseção do ângulo com a circunferência, tem-se um vértice, começando A em 0º, B em 45º e assim sucessivamente, até em 360º coincidir com o vértice A, fechando o polígono. Com esses dados, pede-se: a) qual polígono se forma, quando os vértices são ligados dois a dois, em ordem anti-horária?

Raciocínio lógico matemático geométrico: 1º Passo: determino o centro da circunferência, que coincide com a origem dos eixos cartesianos X e Y e, utilizando o par de esquadros, a partir do ponto 0(0; 0), traço duas perpendiculares, determinando os eixos cartesianos X e Y; 2º Passo: com centro no ponto 0(0; 0), abro o compasso com 2,5 cm, traçando uma circunferência de diâmetro 5 cm; 3º Passo: com o par de esquadros, marco os oito ângulos pedidos, lembrando que, como são números par de ângulos, ou seja de vértices, o mesmo ângulo de 45º, marca o ângulo de 225º no lado oposto e assim com os outros ângulos; 4º Passo: uno os vértices consecutivos (dois a dois), em ordem anti-horária, determinando o tipo de polígono gerado; 5º Passo: analiso pelo ângulo central, qual o tipo de triângulo que é formado, determinando o valor do lado do polígono.

1º Passo:

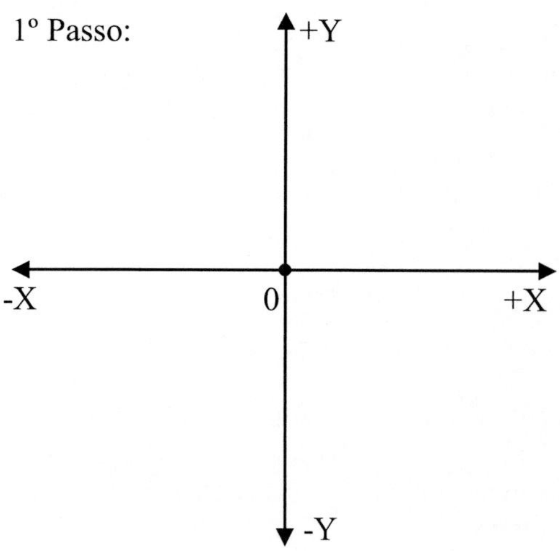

2º Passo:

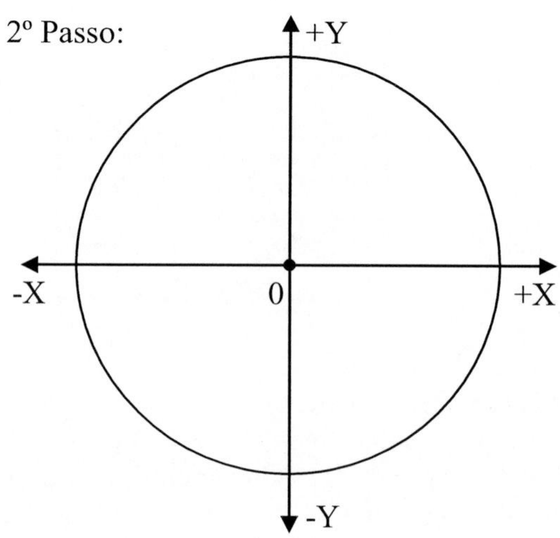

3º Passo:

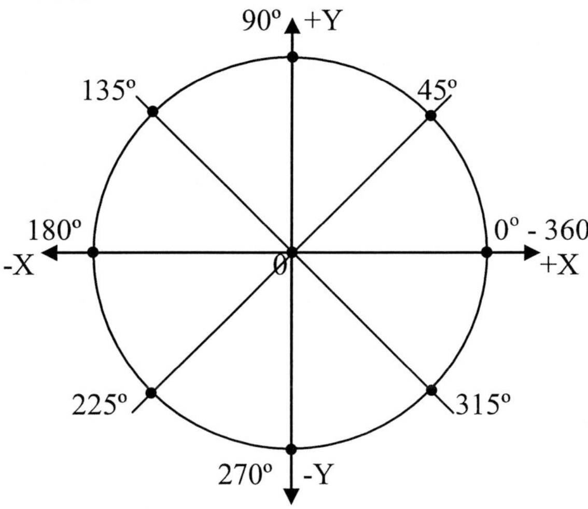

4º Passo:

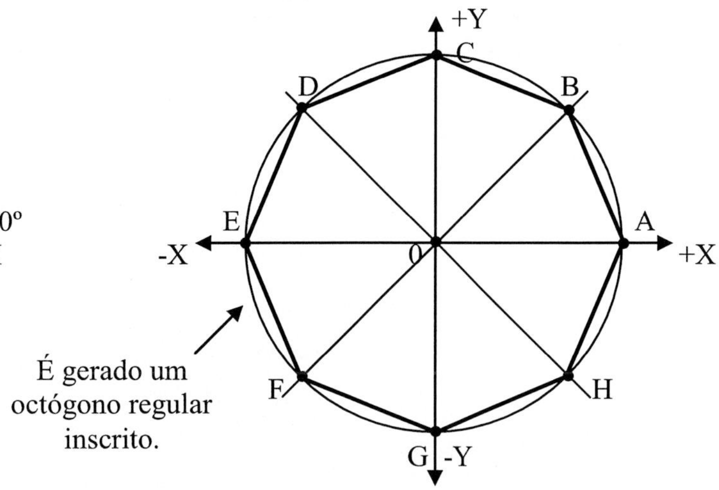

Um polígono inscrito é aquele que é traçado dentro de uma circunferência e cada um dos seus vértices estão na, ou seja, pertencem à linha da circunferência.

2.2 Simetria, isometria e homotetia,

Simetria, em termos geométricos, significa que as duas partes de uma figura são iguais, podendo ser sobrepostas, de forma que coincidam. Assimetria, por sua vez, é o contrário. Quando não existe padrão ou semelhança entre as partes, dizemos que o elemento geométrico é assimétrico. Diversos elementos geométricos são simétricos por natureza, e definição, tais e quais os a seguir, observando que, geometricamente, a simetria está relacionada aos eixos horizontal ou X e vertical ou Y.

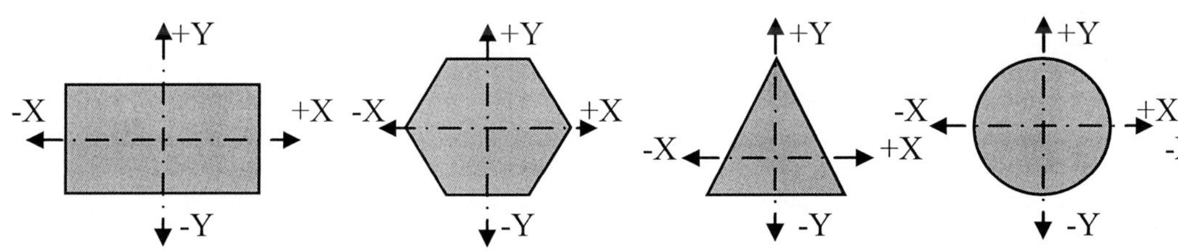

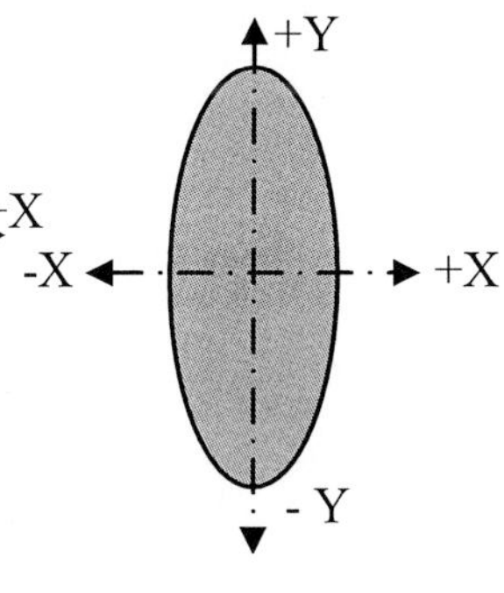

Nessas cinco figuras geométricas acima, apenas o triângulo não é simétrico, em relação aos dois eixos, pois só é simétrico em relação a Y.

Isometria, em termos geométricos, está relacionada ao movimento de figuras, sem mudar dimensões.

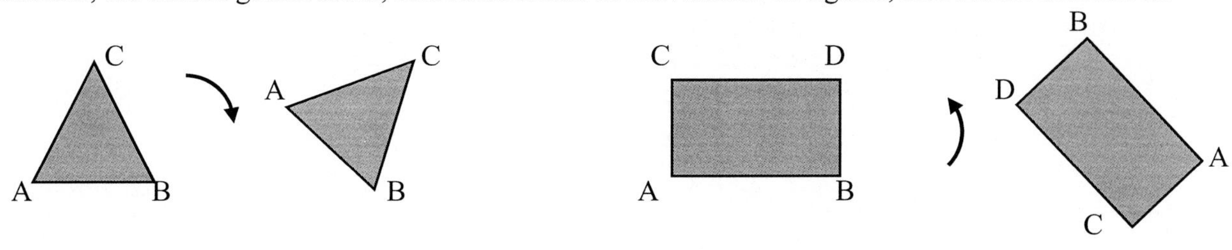

Observa-se que o triângulo sofreu uma rotação no sentido horário, enquanto o retângulo sofreu uma rotação no sentido anti-horário. Esses são exemplos de isometria de rotação.

Homotetia é um tipo de transformação geométrica que altera o tamanho de uma figura, mantendo as características principais, como a forma e ângulos. A seguir é mostrado um exemplo de homotetia, observando-se que pode ser, tanto de ampliação, quanto de redução. A homotetia também está relacionada à semelhança de figuras planas.

A figura a seguir mostra a ampliação de um hexágono, a partir do ponto F, que é o centro ou foco da homotetia. Observa-se que houve uma ampliação de duas vezes, ou seja, cada lado teve seu valor multiplicado por dois.

Conceito de homotetia

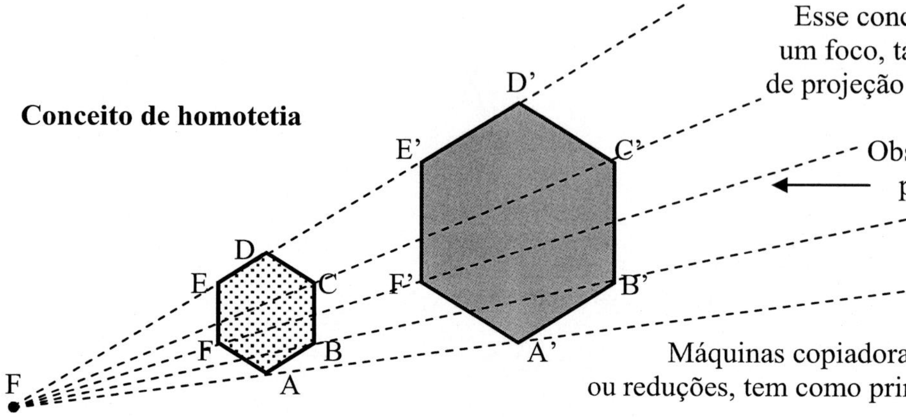

Esse conceito de homotetia, a partir de um foco, também é utilizado na definição de projeção cônica, com um ponto de vista.

Observa-se que, outras ampliações podem ser obtidas, bastando continuar essas linhas.

Máquinas copiadoras, que fazem ampliações ou reduções, tem como princípio tecnológico a homotetia.

Na figura acima, observa-se que ocorre uma homotetia de ampliação, quando se transforma o hexágono ABCDEF no A'B'C'D'E'F', ou seja de maior área. Se a transformação for pensada de forma inversa, ou seja, do hexágono de maior dimensão, para o de menor dimensão, tem-se a homotetia de redução.

Translações, rotações e reflexões são isometrias, ou seja, são transformações que preservam a distância entre dois pontos do plano. Isometrias mudam a posição do desenho, mantendo a forma e o tamanho da figura original. Como resultado, figuras obtidas a partir de isometrias são congruentes (iguais). Já nas homotetias ocorre a semelhança, ou seja, mantém-se a mesma forma, mas tamanhos (e áreas) diferentes. Nas homotetias, como ocorre mudança de dimensões, existe um fator k constante, chamado fator de escala.

Em homotetias de ampliação o fator k de escala é maior do que um (2, 3, etc.), enquanto nas de redução k é menor do que um (1/2,1/4, etc.). Nos desenhos técnicos da área de Engenharia, usam-se, tanto escalas de ampliação, quanto as de redução. Por exemplo, para representar numa folha de papel A4, o desenho de um terreno retangular de 40 metros por 70 metros, utiliza-se uma escala de redução. Já, por exemplo, se queremos representar o detalhe da cabeça de um alfinete, então utiliza-se uma escala de ampliação.

Exemplos de homotetias, com aplicações artísticas e práticas:

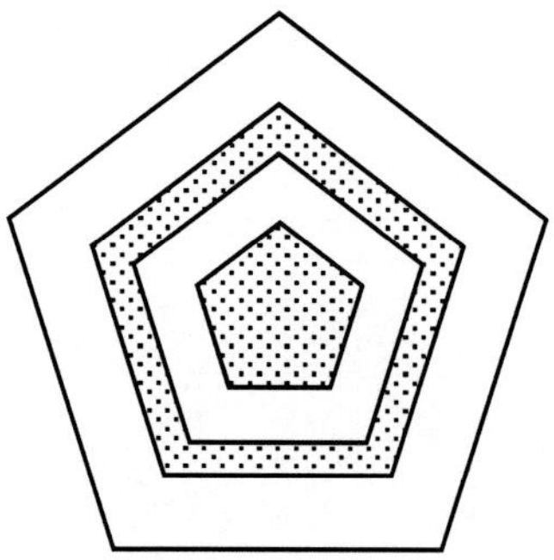

Nestes dois casos, pode-se pensar, tanto em homotetia de ampliação, quando se vai do polígono menor interno, para o maior externo, quanto em homotetia de redução, quando se vai do polígono maior externo, para o menor interno.

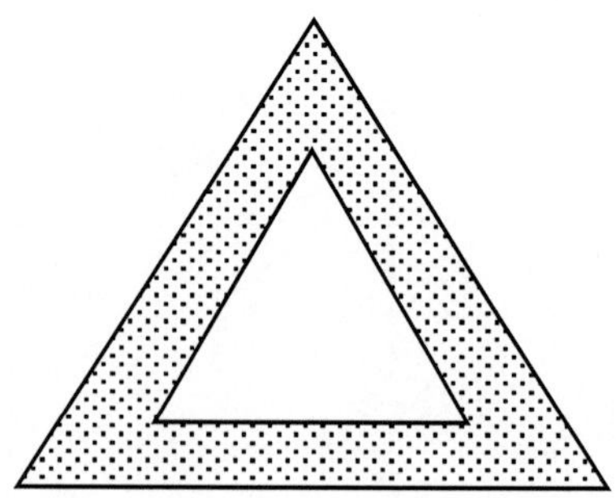

Pentágonos, usados como lajotas cerâmicas

Triângulo de sinalização de trânsito

Exercício 2.2.1) Determinar a razão de semelhança (ou fator de escala) de perímetro e de área, entre um hexágono regular de lado 2 cm, em relação ao hexágono regular de lado 3 cm.

Em termos gráficos, o problema pode ser visto pela figura à direita, observando-se que o foco de homotetia está fora da folha à esquerda.

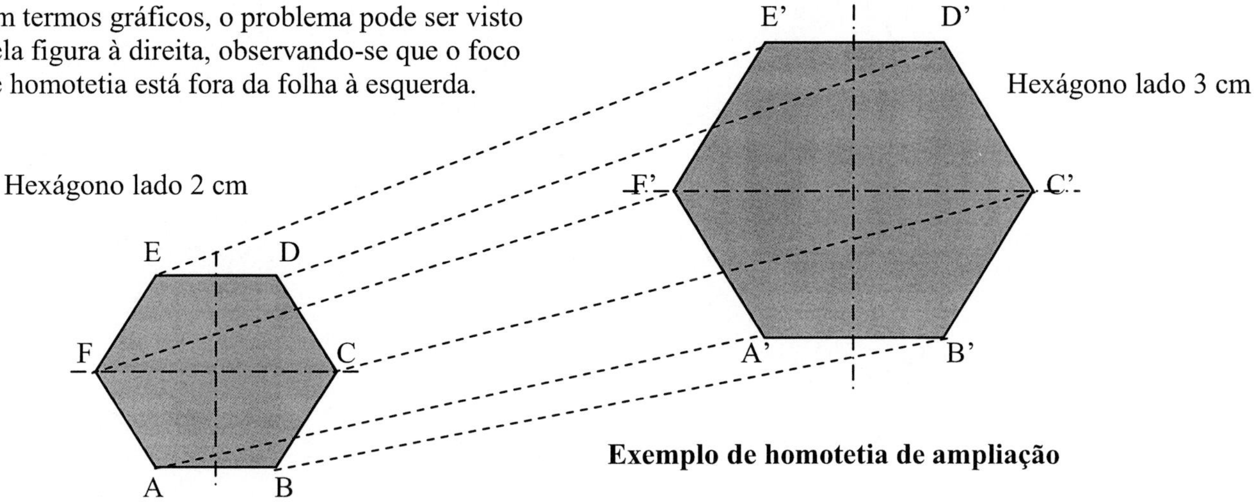

Exemplo de homotetia de ampliação

No hexágono de lado 2 cm, o perímetro é igual a 12 cm. No hexágono de lado 3 cm, o perímetro é igual a 18 cm. O fator de escala k, para os perímetros é: $k = 18$ cm/12 cm => $k = 1{,}5$.

Para as áreas, dos hexágonos, multiplica-se por seis a área de um triângulo equilátero, de lado igual ao do hexágono:

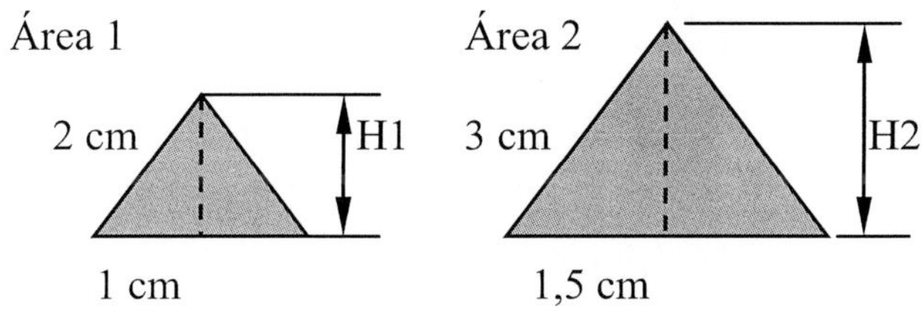

$(H1)^2 = 2^2 - 1^2 \Rightarrow H1 = \sqrt{3} \Rightarrow H1 = 1{,}732$ cm.

$(H2)^2 = 3^2 - 1{,}5^2 \Rightarrow H1 = \sqrt{6{,}75} \Rightarrow H1 = 2{,}598$ cm.

$A1 = 6(2 \times 1{,}732/2) \Rightarrow A1 = 10{,}39\ cm^2$.
$A2 = 6(3 \times 2{,}598/2) \Rightarrow A2 = 23{,}38\ cm^2$.

O fator de escala k, para as áreas é: $k = 23{,}38\ cm^2/10{,}39\ cm^2 \Rightarrow k = 2{,}25$.

Conclusão: para os hexágonos de lados 2 cm e 3 cm, os fatores de escala são: k = 1,5, para os perímetros e k = 2,25, para as áreas. Ou seja: o perímetro do hexágono maior é 50% a mais que o menor e a área é 125% maior.

2.3 As isometrias

A palavra isometria é uma junção de dois termos de origem grega: iso significa igual e metria significa medida. Ou seja, a transformação geométrica de isometria, não altera as medidas (de lados e de ângulos) de uma figura plana. As isometrias são de: rotação, translação e reflexão.

2.3.1 Isometria de rotação

Vértices e lados sofrem rotação, podendo ser no sentido horário (ou positiva) ou anti-horário (ou negativa). Por definição, a rotação pode ocorrer em qualquer ângulo, mas em geral, usam-se ângulos múltiplos de 45°. Conceitualmente, a isometria de rotação ocorre a partir de um centro de rotação. As figuras a seguir, mostram um exemplo de isometria de rotação, no sentido horário e com ângulos sucessivos de 45°.

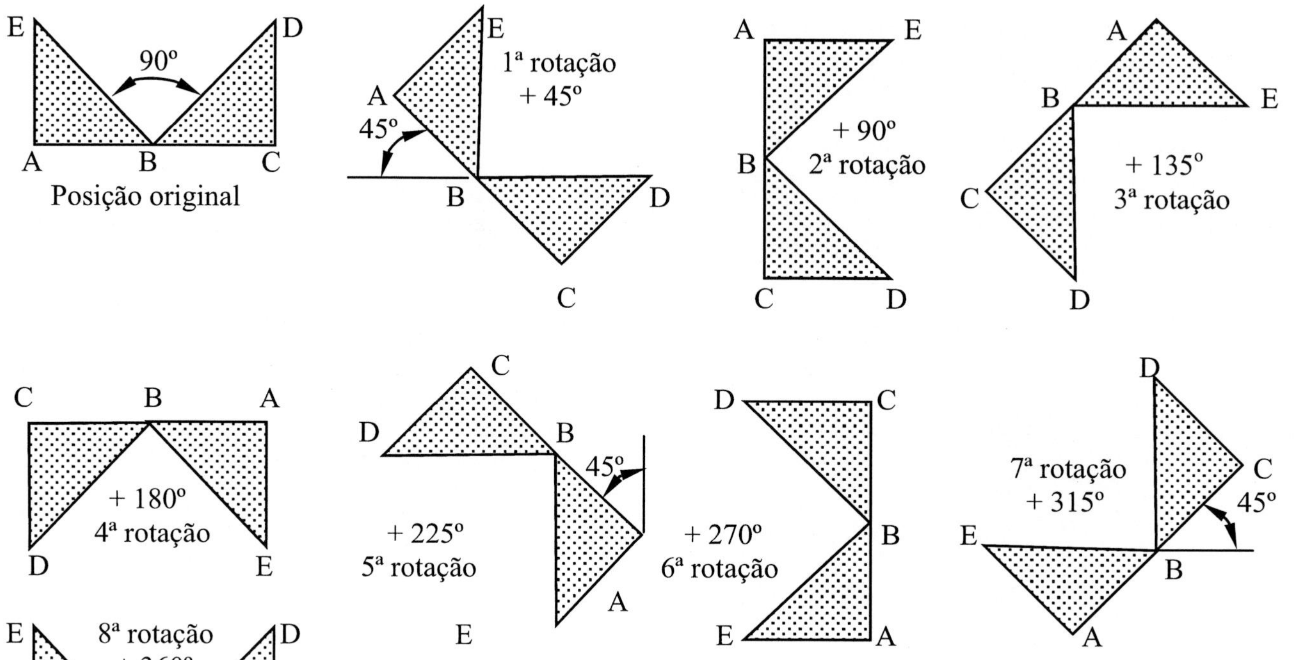

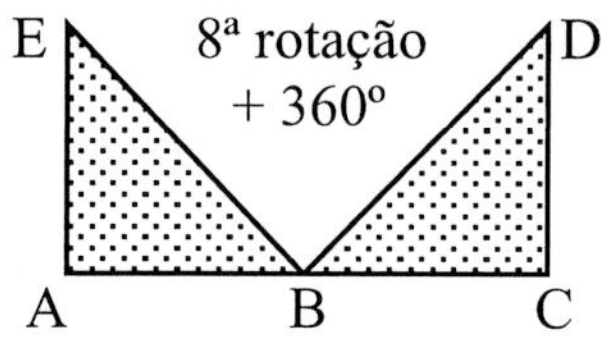

Essa figura, um pentágono côncavo irregular, após oito rotações de 45°, no sentido horário, retorna a sua posição original. Observa-se que, tanto os lados, quanto os ângulos não alteraram os valores.

Exercício 2.3.1) Para o pentágono regular a seguir, determinar o grau de rotação no sentido horário.

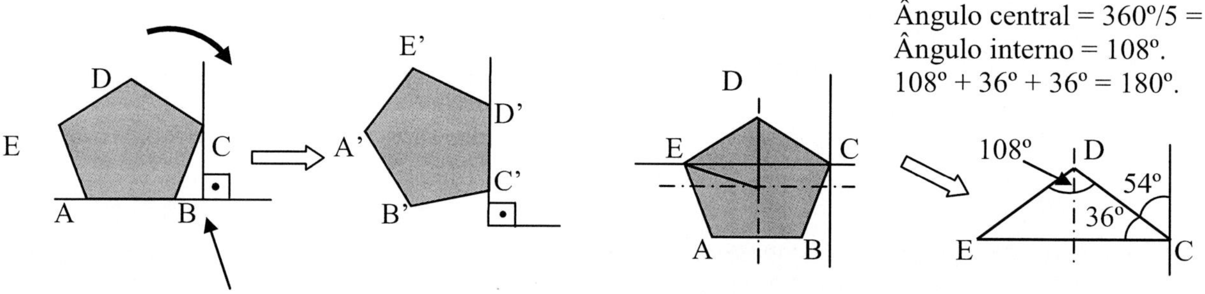

Ângulo central = 360°/5 = 72°.
Ângulo interno = 108°.
108° + 36° + 36° = 180°.

Em relação à linha vertical inicial, esse ângulo de 54° é o grau de rotação do pentágono, no sentido horário.

Conclusão: o pentágono sofreu uma rotação de 54°, no sentido horário.

2.3.2 Isometria de translação

Movimentos de translação estão relacionados ao paralelismo, ou seja, a figura sofre mudança de posição, sem alterar suas medidas de lados e ângulos. Veja-se o exemplo a seguir:

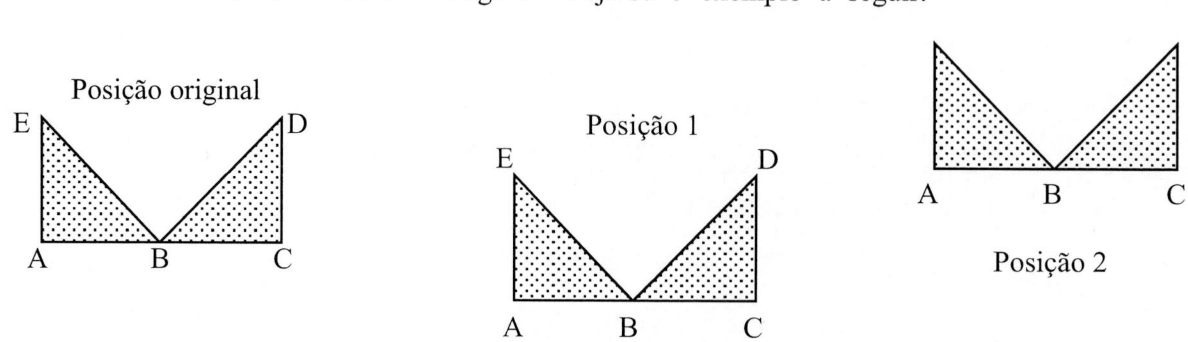

Embora em outras posições paralelas, ângulos e lados mantêm suas medidas. Não ocorre rotação

Isometria de translação no plano cartesiano, com mudança de quadrantes

Exercício 2.3.2.1) Considerando o trapézio retângulo a seguir, determine as novas coordenadas cartesianas de seus vértices, quando o vértice A se movimenta 2 unidades para baixo e 1 unidade para a esquerda, sabendo que as coordenadas cartesianas originais dos vértices são: (A)(+1; +2,5), (B)(+2; +2,5), (C)(+3; +1) e (D)(+1; +1).

Raciocínio lógico matemático geométrico: 1º Passo: traço paralelas aos eixos cartesianos X e Y, formando uma imagem reticulada do trapézio, marcando suas coordenadas em X e Y, 2º Passo: amplio reticulado para baixo, ou seja, para o 4º quadrante, 3º Passo: redesenho o trapézio, movimentando o vértice A 1 cm para a esquerda, 4º Passo: movimento o vértice A 2 cm para baixo e 5º Passo: calculo as novas coordenadas cartesianas, de acordo com o desenho reticulado.

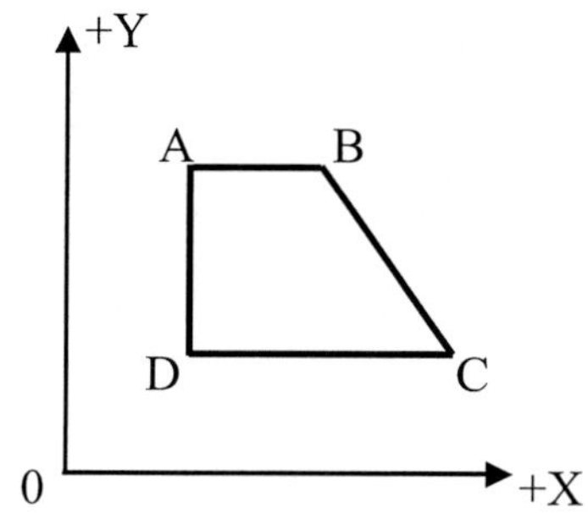

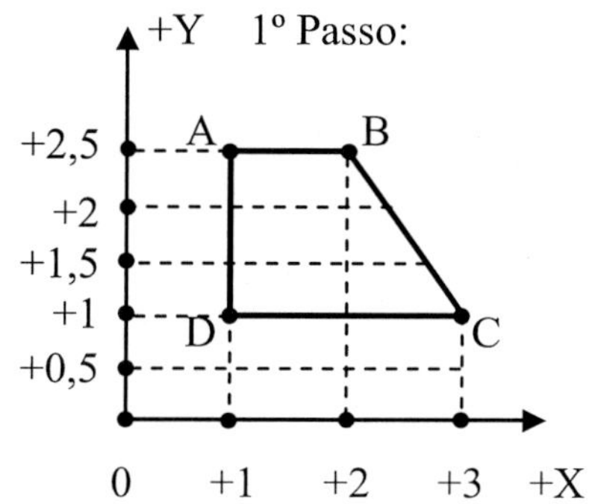

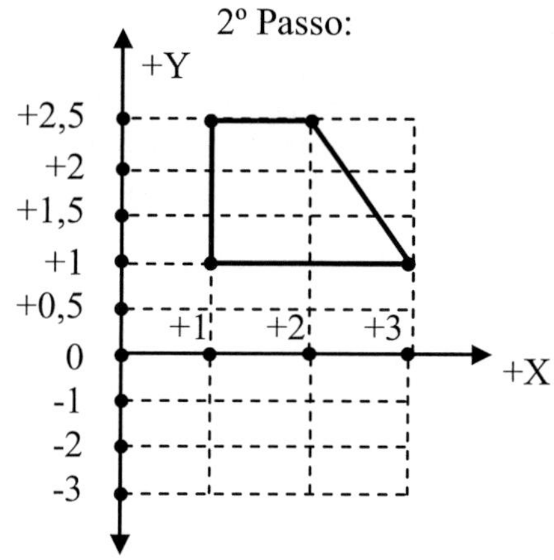

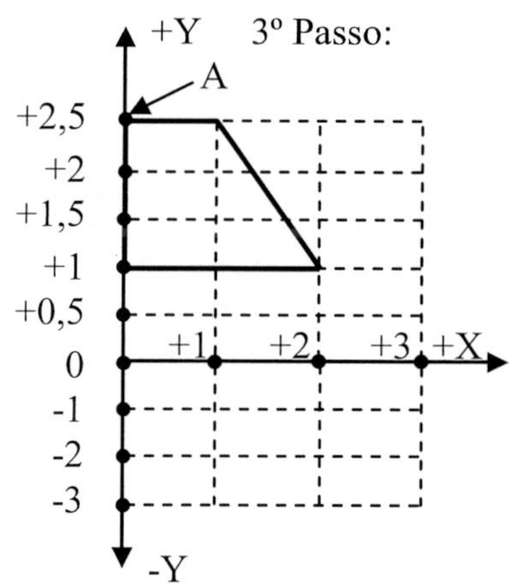

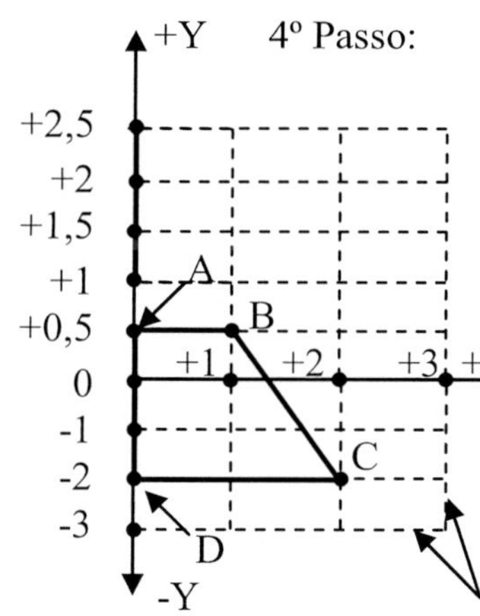

5º Passo: novas coordenadas:

(A)(0; +0,5).
(B)(+1; +0,5).
(C)(-2; -2).
(D)(0; -2).

É importante observar que, do ponto de vista teórico, as divisões de medidas de abscissas e ordenadas, podem ser diferentes, especialmente quando a abordagem é de imagem.

Isometria de reflexão ou isometria axial

Reflexão é uma transformação geométrica de um ponto ou uma reta, do plano que "espelha" todos os pontos em relação a um ponto, chamado centro de reflexão ou a uma reta, chamada reta ou eixo de reflexão.

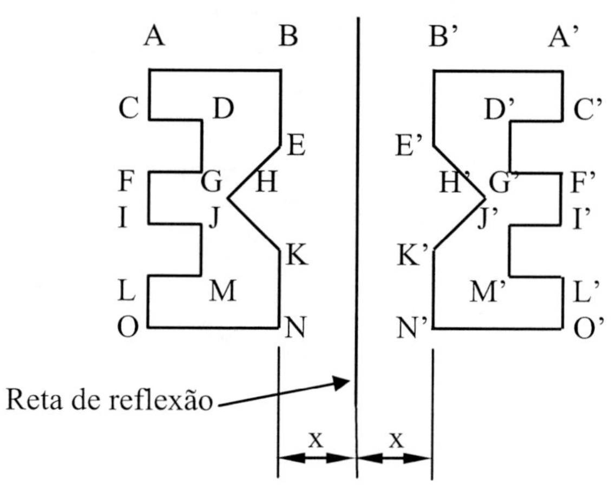

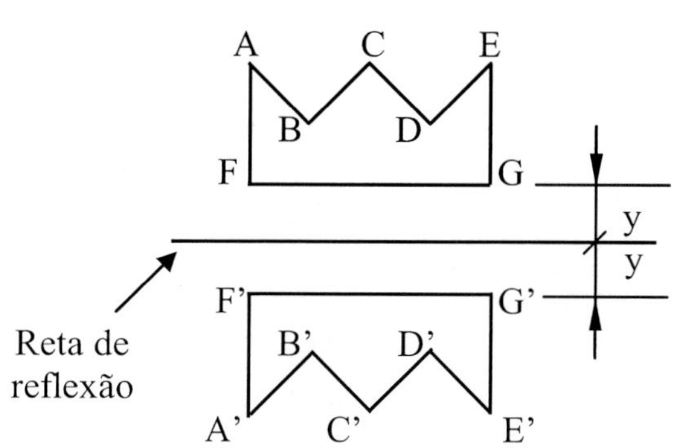

2.4 Exercícios resolvidos

2.4.1) Na figura a seguir, tem-se exemplos de simetria e isometrias de dois hexágonos regulares e quatro quadrados, gerando um triângulo no interior. Definir e justificar qual tipo de triângulo é gerado.

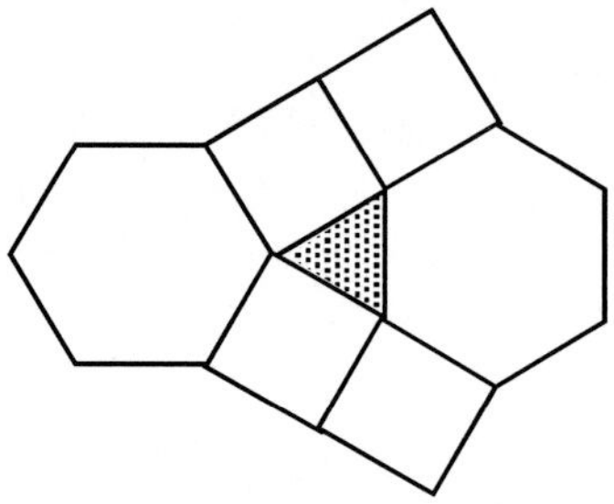

Trata-se de um triângulo equilátero, pois, seus lados são iguais aos lados dos quadrados e hexágonos que, por sua vez, são iguais.

2.4.2) Considerando uma isometria por rotação de 30º, no sentido horário, e considerando um padrão geométrico, definir qual é a figura indicada, e sua posição na sequência a seguir. Observa-se que, padrão é algo que se repete.

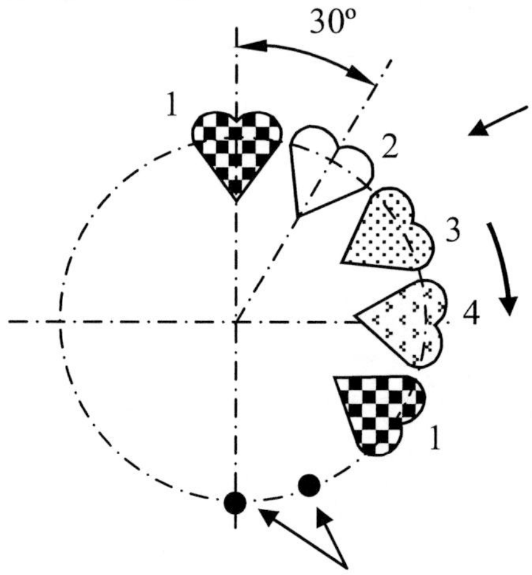

Observa-se que as quatro figuras do 1º quadrante, para manter o padrão geométrico, têm que se repetir nos demais quadrantes.

Para manter o padrão geométrico, as figuras faltantes são as de números 1 e 2, como mostradas à direita, no 4º quadrante.

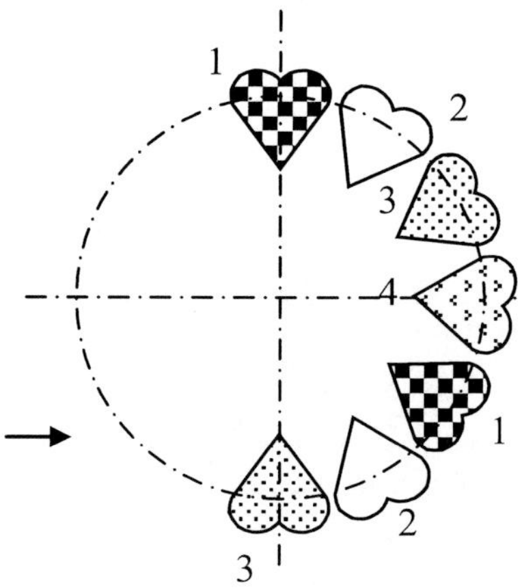

Quais figuras têm que ficar nessas posições, para manter o padrão geométrico?

2.4.3) A figura a seguir, mostra um losango de lado 3 cm e demais dimensões indicadas por coordenadas cartesianas. Considerando sua posição no plano cartesiano (X, Y), determinar sua nova posição geométrica quando o vértice D passa para x = 2,5 cm e o lado CD gira 60º no sentido horário, com centro de rotação no ponto D. O giro ocorre após a translação, com o ponto C fixo. Coordenadas cartesianas: (A)(0; +4), (B)(+1,5; +6,2), (C)(+3; +3,6) e (D)(+1,5; +1).

O raciocínio lógico matemático geométrico se inicia por entender os ângulos e medidas:

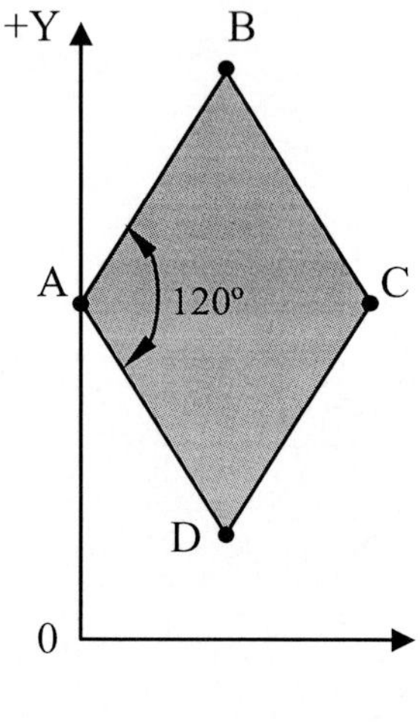

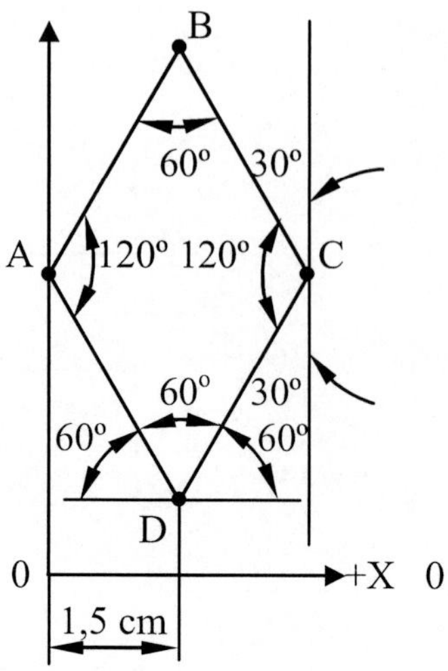

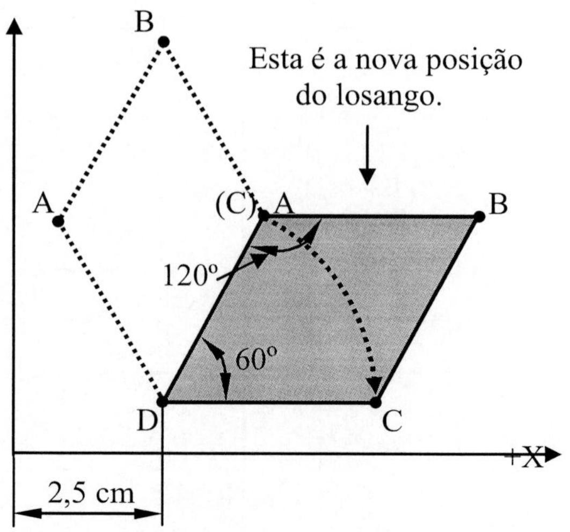

2.4.4) Dado o triângulo ABC, conforme a figura a seguir, fazer duas homotetias possíveis, segundo o foco F.

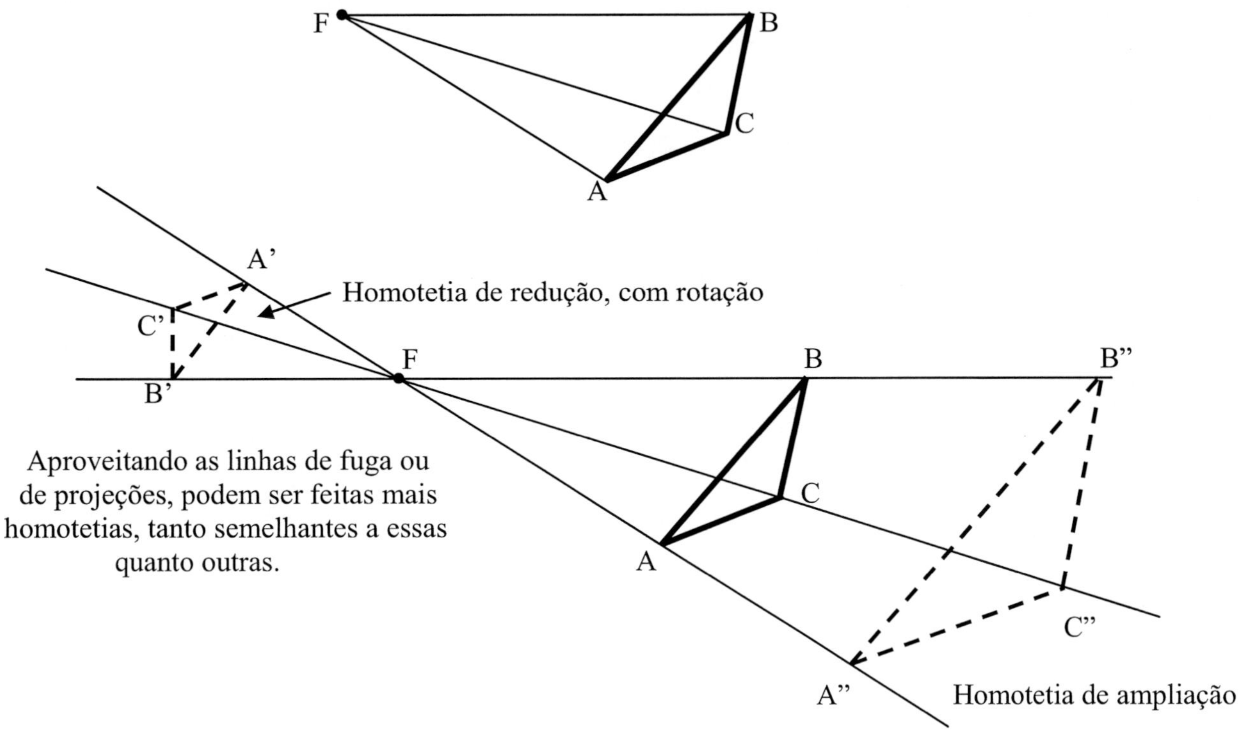

2.4.5) Dado o quadrilátero ABCD, a seguir, desenhar sua imagem simétrica em relação à reta r.

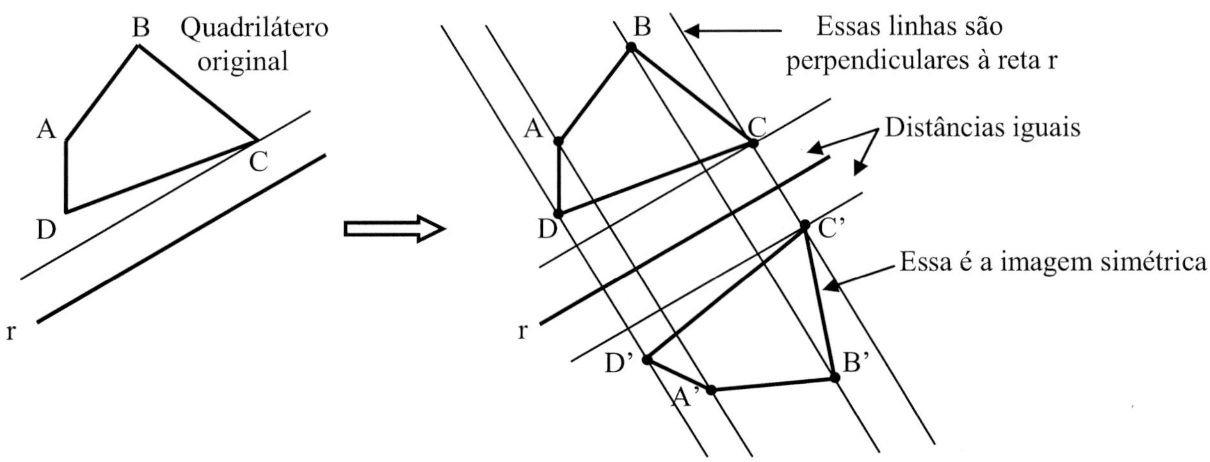

2.4.6) Considerando os pares de figuras a seguir, e os eixos, determine quais são simétricas.

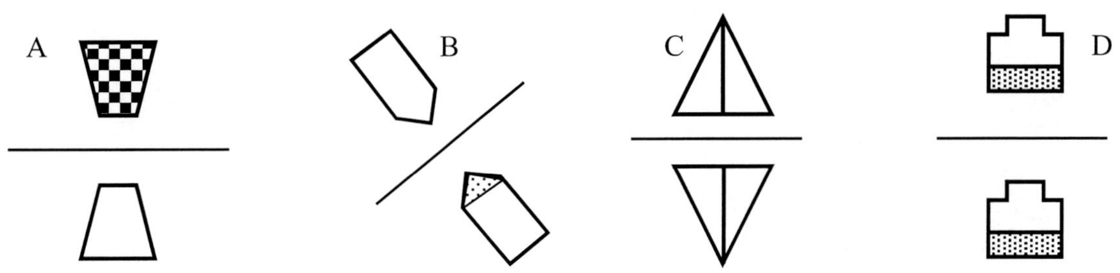

Apenas na figura C existe simetria geométrica. A seguir mostram-se como seriam as outras simetrias.

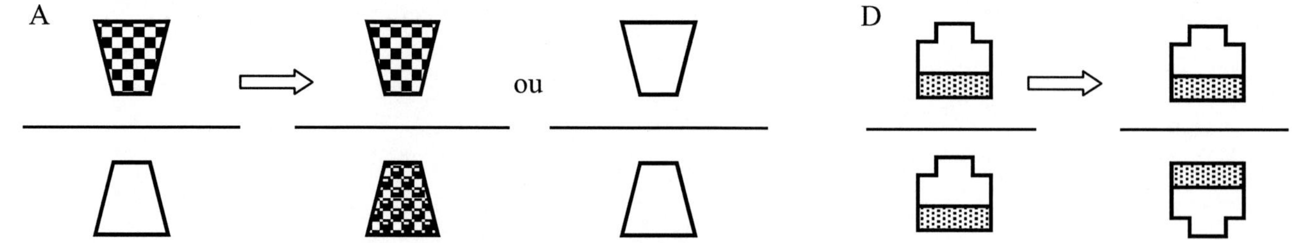

O quadrilátero superior tem preenchimento — Simétrica — Simétrica — Simétrica

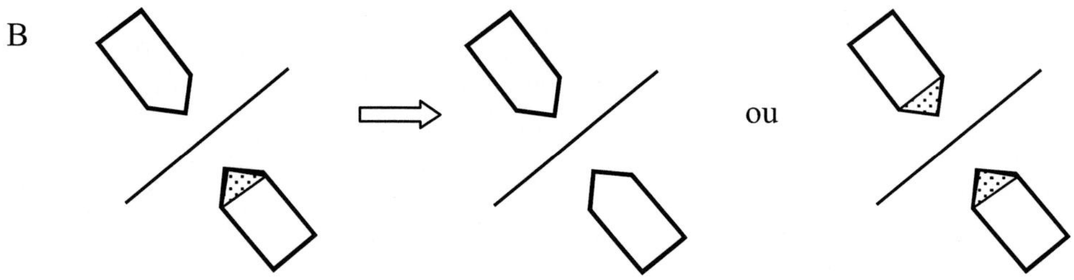

Simétrica — Simétrica

2.4.7) Dado o triângulo ABC a seguir, e o centro de rotação O, determine a simetria de rotação, segundo um ângulo de 45º no sentido anti-horário.

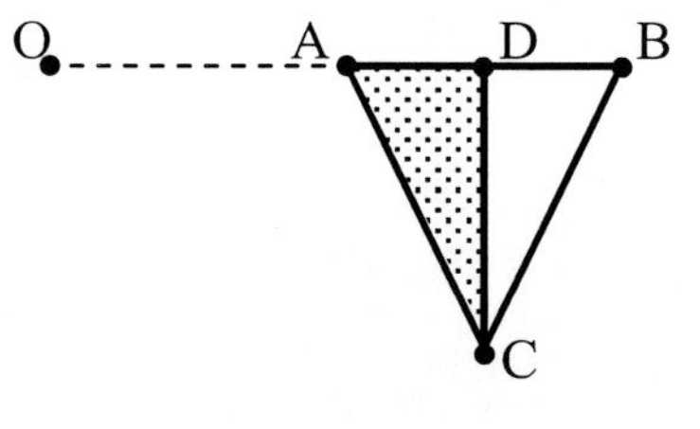

1º Passo: com o par de esquadros, traço o ângulo de 30º.

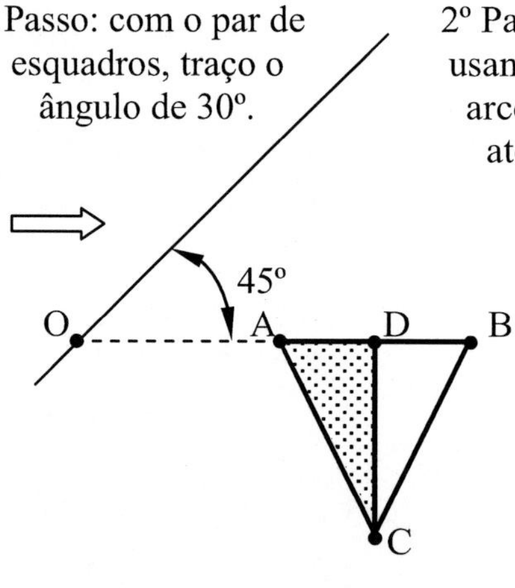

2º Passo: com centro em O, usando o compasso, traço arcos OA, OD e OB, até a linha de 30º.

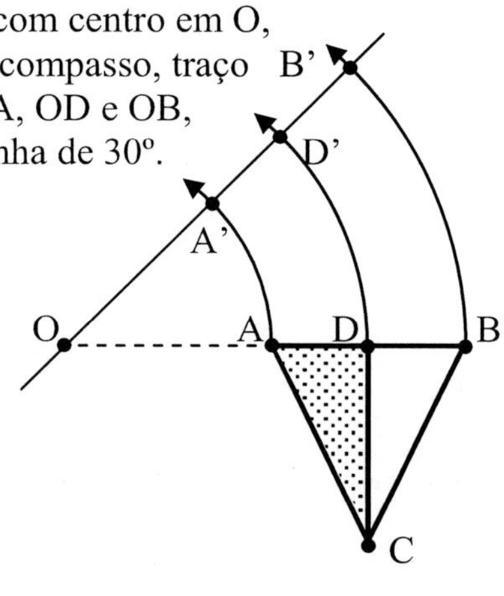

3º Passo: com o par de esquadros, traço uma perpendicular à linha do ângulo, a partir de D', para baixo e para a direita.

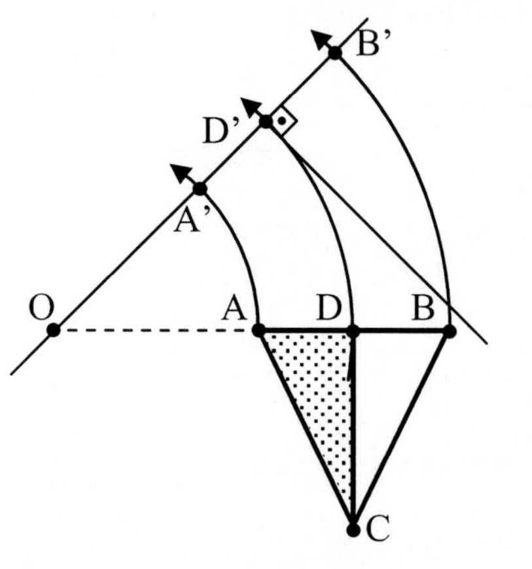

4º Passo: transfiro a medida DC, com o compasso, para a perpendicular, determinando o ponto C'.

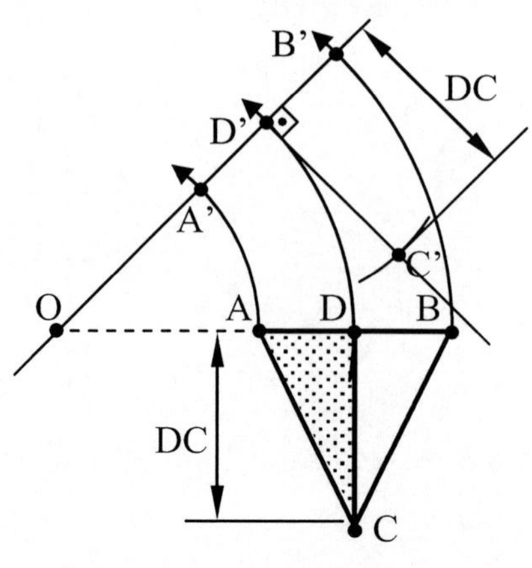

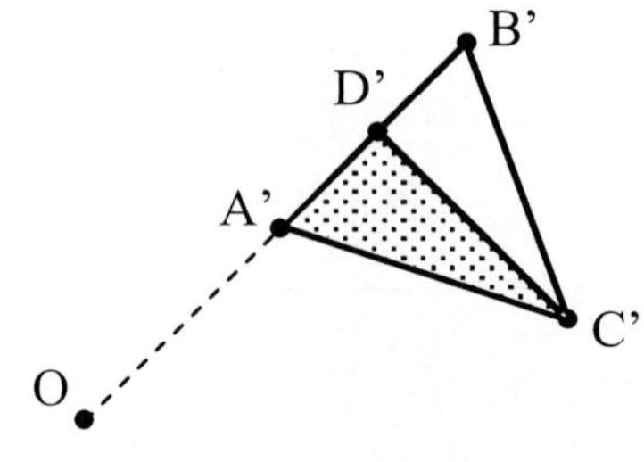

5º Passo: finalizo a rotação do triângulo, segundo o que foi pedido.

2.5 Exercícios propostos

2.5.1) Dado o retângulo ABCD a seguir, de dimensões 1,5 cm x 3 cm, o centro de rotação O a 2,5 cm do vértice A, usando o par de esquadros e o compasso, determine a simetria de rotação, segundo um ângulo de 30º no sentido anti-horário.

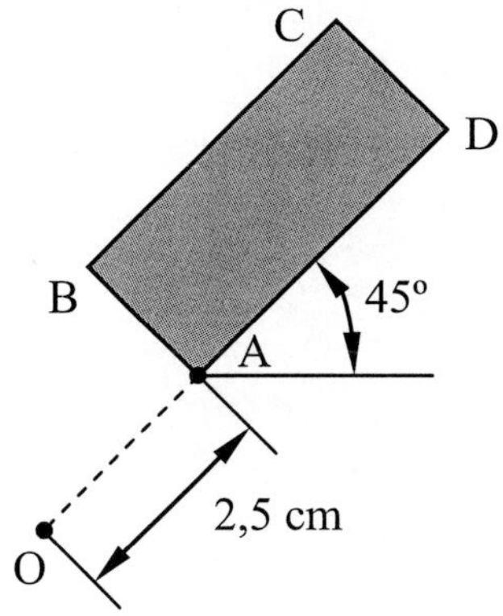

2.5.2) Considerando o hexágono regular a seguir, de lado igual a 2 cm, e o eixo r, determine sua isométrica de reflexão.

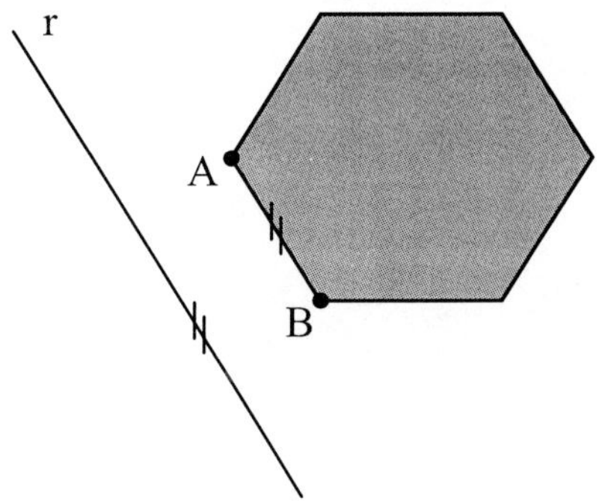

O lado AB é paralelo ao eixo r.

2.5.3) Considerando o hexágono regular a seguir, de lado 2cm, e o foco F, desenhe hexágonos homotéticos, sendo um de ampliação e outro de redução.

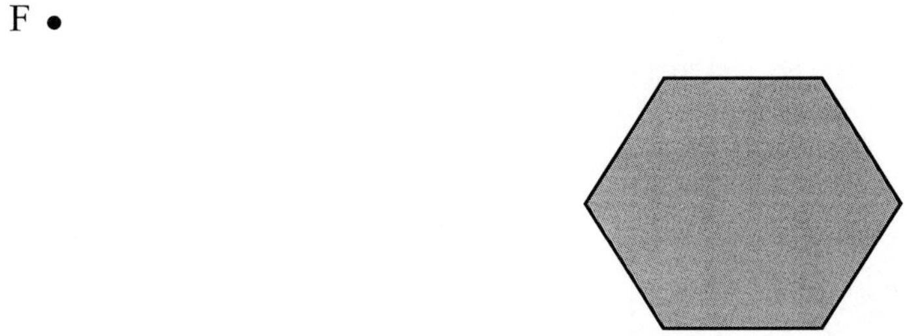

2.5.4) O triângulo retângulo a seguir, de lados AB 3 cm e AC 4 cm, tem o seu vértice A coincidente com a origem dos eixos cartesianos 0(0; 0). Determine as novas coordenadas cartesianas dos três vértices, quando o vértice B se movimenta 3 cm para a esquerda e 2 cm para cima.

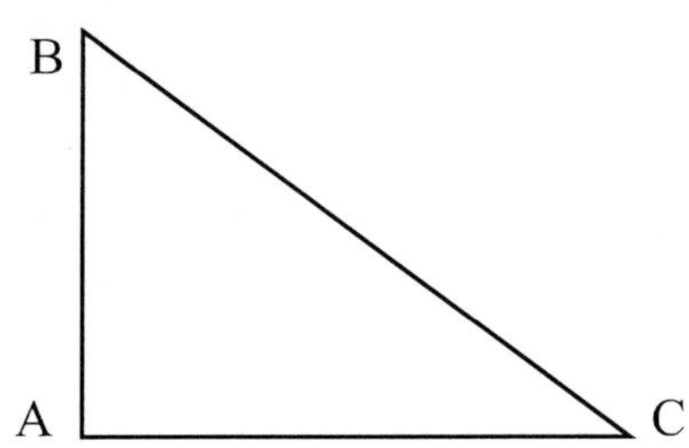

2.6 Arte Geométrica com ladrilhamentos e padrões geométricos

Baseado nos conceitos de simetria, isometria e homotetia, bem como usando tons e texturas, podem ser criadas figuras geométricas compostas, criando-se verdadeiras obras de Arte Geométrica. Além de agradáveis de serem vistos, estes padrões geométricos podem ser utilizados (e são) como ladrilhos e lajotas. As figuras a seguir são alguns exemplos, podendo ser criados tantos quantos a imaginação e criatividade permitem. Todas as imagens aqui mostradas foram desenhadas com o programa Word.

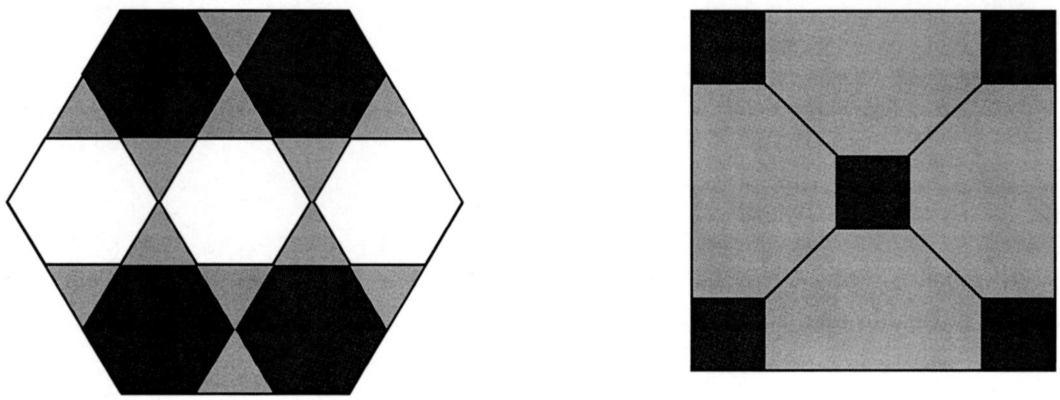

Exemplos de ladrilhamentos

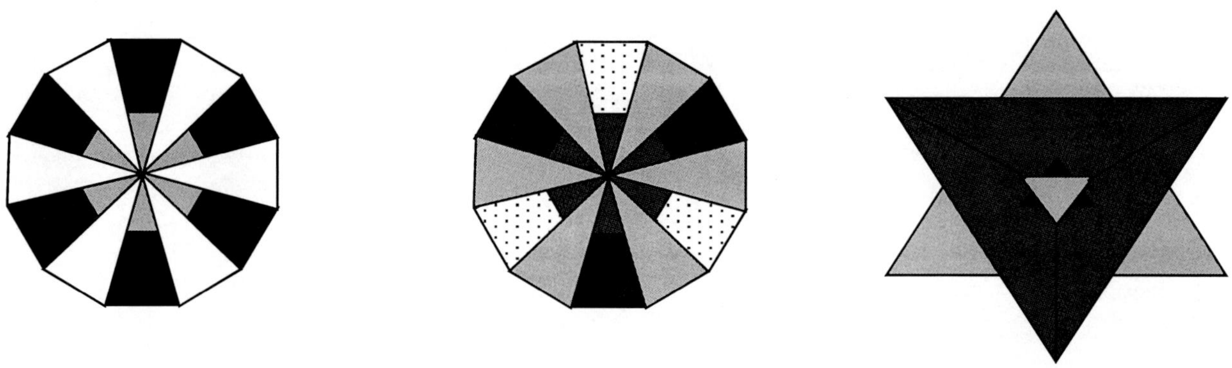

Exemplos de padrões geométricos (padrão é algo que se repete)

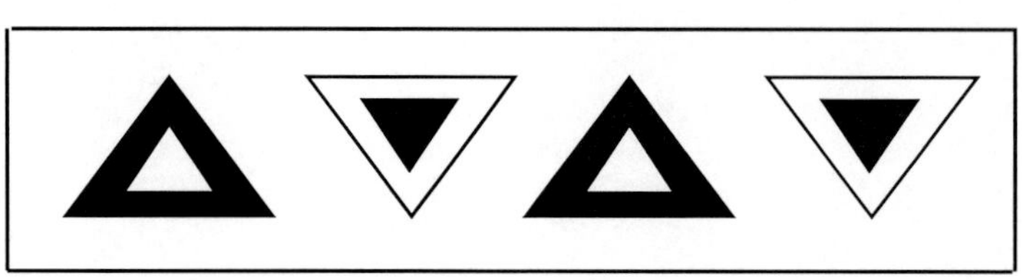

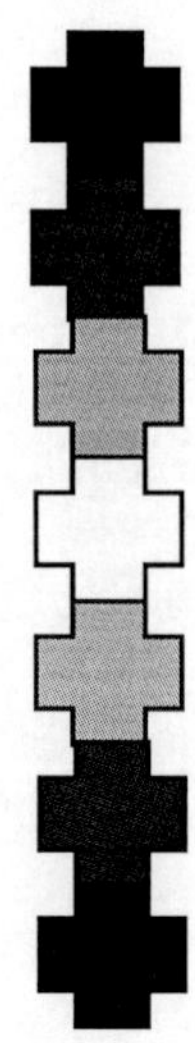

Capítulo 3

Os ângulos e triângulos. Propriedades, bissetrizes e alturas. Construções e aplicações práticas

3.1 Definição de triângulo

Triângulo (três ângulos) ou trilátero (três lados) é a região plana interna delimitada pela interseção de três retas, não coincidentes, não paralelas e não perpendiculares entre si, como mostrado a seguir.

Os lados são formados por segmentos de retas infinitas.

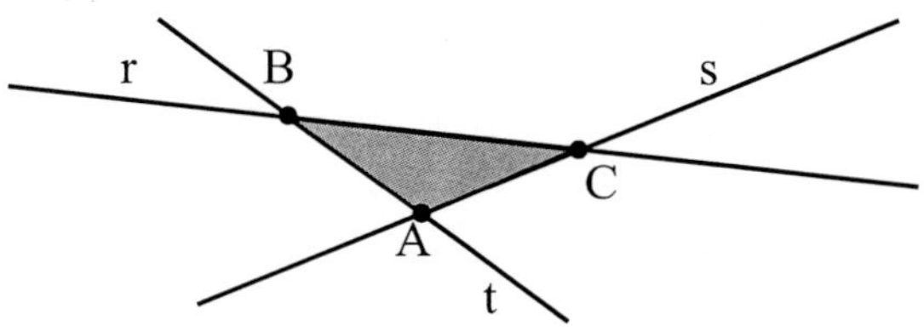

As três retas originárias: r, s, t

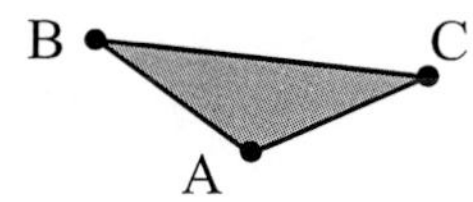

A região plana interna configura um triângulo. Na prática, em geral, só se desenha a região interna dos triângulos.

A interseção ou cruzamento de duas retas determina um ponto, chamado de vértice. Aqui são: A, B e C.

3.1.1 Classificação

Triângulos são classificados segundo os ângulos e segundo os lados.

Quanto aos ângulos:
- Acutângulo → os três ângulos são agudos
- Retângulo → um ângulo é reto
- Obtusângulo → um ângulo é obtuso

Quanto aos lados:
- Equilátero → os três lados têm a mesma dimensão
- Isósceles → dois lados têm a mesma dimensão
- Escaleno → os três lados têm dimensões diferentes.

Em geral, os triângulos são representados da seguinte forma:

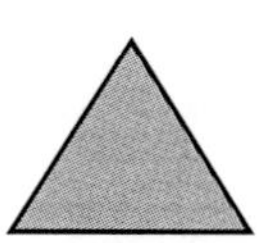

Equilátero
acutângulo

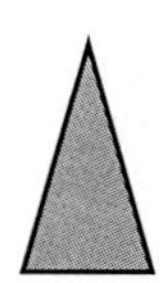

Isósceles
acutângulo

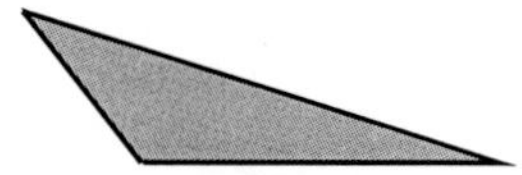

Escaleno
obtusângulo

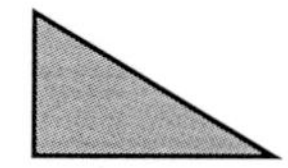

Escaleno
retângulo

Tanto em análises geométricas, quanto em aplicações práticas reais, os triângulos podem ser representados nas mais diversas posições, como a seguir:

Equilátero acutângulo

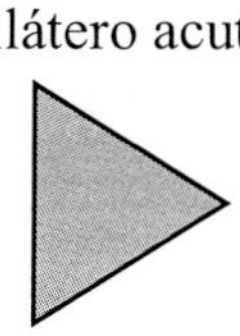

Isósceles acutângulo

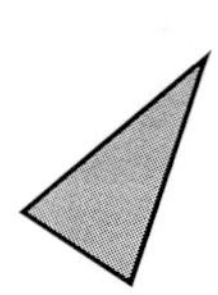

Escaleno retângulo

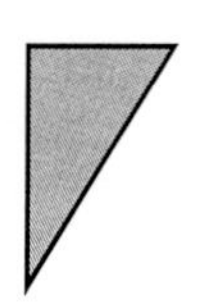

Escaleno obtusângulo

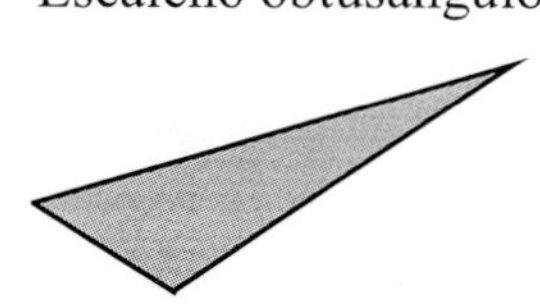

A mudança de posição não muda a classificação de um triângulo, aliás, de nenhum polígono. Um hexágono continuará sendo um hexágono, esteja em que posição estiver.

3.1.2 Ângulos e lados em triângulos: tipos e representações

Os triângulos possuem três ângulos internos e três ângulos externos, como mostrados a seguir:

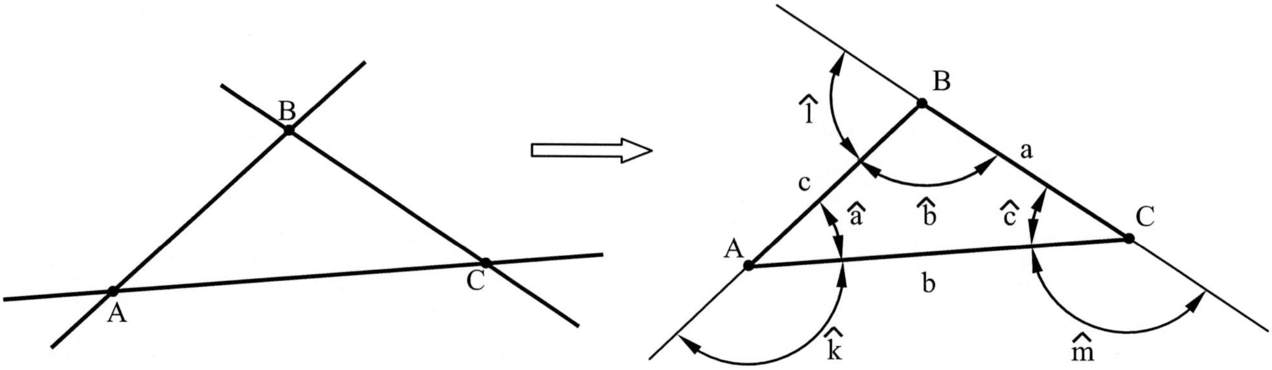

Os lados dos triângulos são marcados com letras minúsculas: AB = c, BC = a e AC = b.

$\hat{a}$, $\hat{b}$ e $\hat{c}$ são ângulos internos e $\hat{k}$, $\hat{l}$ e $\hat{m}$ são ângulos externos.

Observa-se que: a soma dos ângulos interno e externo de um vértice de um triângulo é igual a 180°, pois estão sobre uma mesma reta. Ou seja: $\hat{a} + \hat{k} = \hat{b} + \hat{l} = \hat{c} + \hat{m} = 180°$.

3.1.3 Lei angular de Tales: a soma dos ângulos internos de um triângulo é igual a 180°

Segundo Tales de Mileto (624 – 546 a.C.) a soma dos ângulos internos de um triângulo (todo e qualquer triângulo) é igual a 180°. Essa lei pode ser demonstrada, usando-se as definições de ângulos opostos pelo vértice e alternos internos, como descrito no parágrafo 2.5.1, do volume 1, do livro "Desenho Geométrico e Geometria".

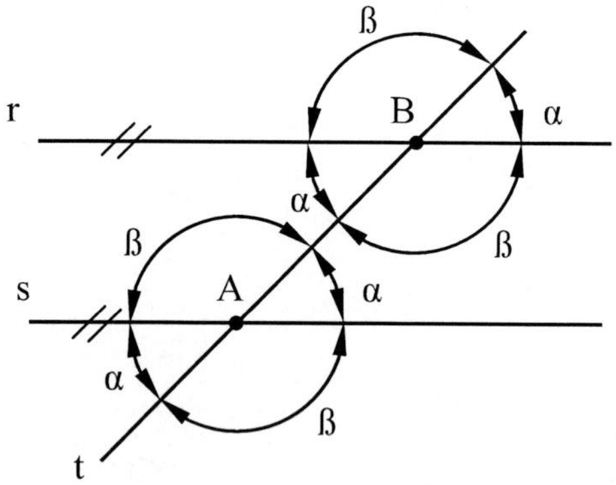

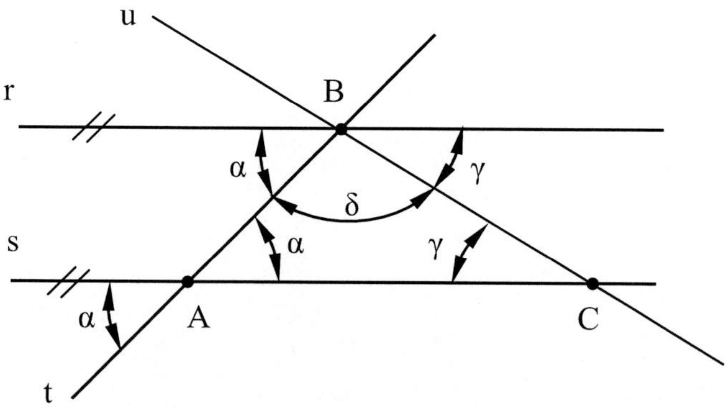

Cortando-se duas retas paralelas r e s, por uma terceira reta t, inclinada em relação às paralelas, são gerados dois ângulos α e ß que somam 180° e são chamados de opostos pelos vértices A e B. α também é chamado como alterno interno e ß como alterno externo. A soma de α + ß é igual a 180°.

Quando passamos pelo ponto B uma reta u inclinada às paralelas e para a direita, surge um terceiro ponto, o C, de forma que se origina o triângulo ABC, de ângulos internos α, γ e δ. Ao analisar a reta superior r constata-se que a soma dos ângulos α + γ + δ é igual a 180°. Dessa forma, pode-se enunciar a lei angular de Tales: "A soma dos ângulos internos de um triângulo é igual a 180°".

3.1.4 A soma dos ângulos externos de um triângulo é igual a 360º

Voltando ao triângulo original, onde foram mostrados os ângulos internos e externos, agora será demonstrado que a soma dos ângulos externos de um triângulo é igual a 360º.

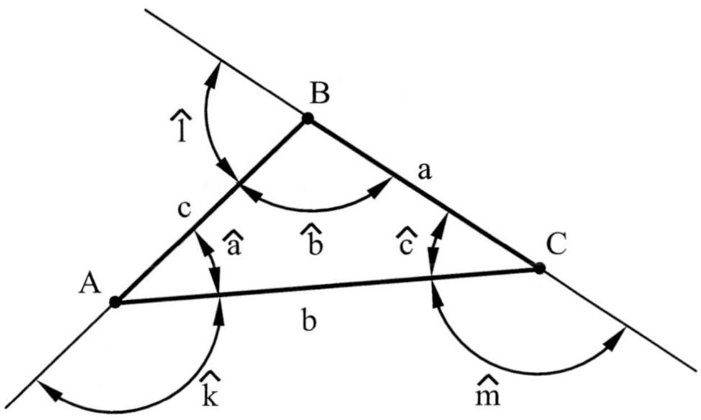

$\hat{a} + \hat{b} + \hat{c} = 180^\circ.$

$\hat{a} + \hat{k} = \hat{b} + \hat{l} = \hat{c} + \hat{m} = 180^\circ.$

$\hat{m} = \hat{b} + \hat{a}; \hat{l} = \hat{c} + \hat{a}$ e $\hat{k} = \hat{b} + \hat{c}.$

$\hat{k} + \hat{l} + \hat{m} = (\hat{b} + \hat{c}) + (\hat{c} + \hat{a}) + (\hat{b} + \hat{a}).$

Rearrumando os ângulos tem-se:

$\hat{k} + \hat{l} + \hat{m} = \underbrace{(\hat{a} + \hat{b} + \hat{c})}_{180^\circ} + \underbrace{(\hat{a} + \hat{b} + \hat{c})}_{180^\circ}.$ ou seja:

$\hat{k} + \hat{l} + \hat{m} = 360^\circ.$

3.1.5 Exercício resolvido

3.1.5.1) Utilizando o par de esquadros e o compasso (ou um programa de Geometria Dinâmica*), trace duas retas: r e s paralelas e distanciadas de 3 cm. Trace estas retas com uma ligeira inclinação para cima, em relação à página do livro. Considerando a reta inclinada inferior s, trace com o par de esquadros uma terceira reta t inclinada de 75º, em relação a s. Utilizando o par de esquadros (e também o transferidor) comprove que, segundo o conceito de ângulos opostos pelo vértice e alternos internos, surgem ângulos de 105º.

Antes de detalhar o raciocínio lógico matemático geométrico, com o passo a passo para resolver o problema, é importante mostrar detalhes do uso do par de esquadros, segundo o parágrafo 2.3, deste livro.

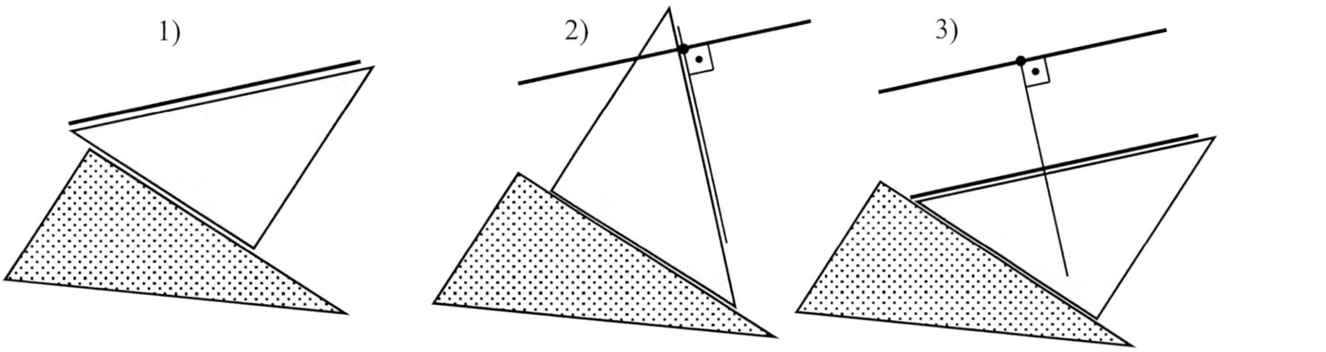

1º Passo: Traço a reta r

2º Passo: Por um ponto A, traço uma perpendicular à reta r, para baixo.

3º Passo: marco, com o compasso, 3 cm, sobre a perpendicular, Determinando o ponto B.

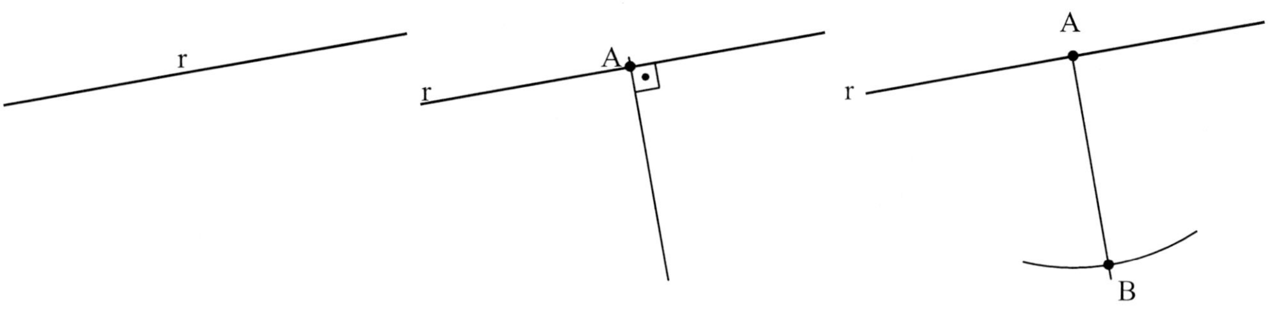

4º Passo: Pelo ponto B, traço reta s paralela à reta r.

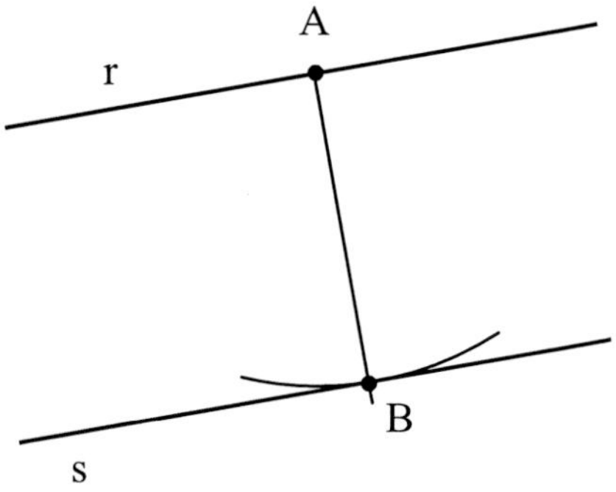

5º Passo: traço reta t, inclinada de *75º, em relação à reta s.

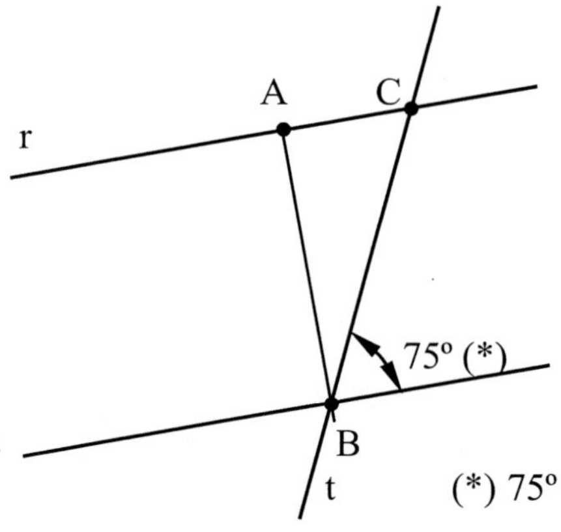

Posição do par de esquadros para traçar ângulo de 75º.

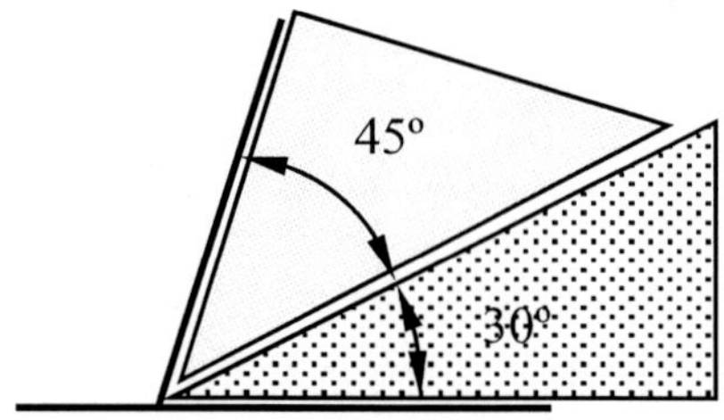

(*) 75º = 45º + 30º.

Análise dos ângulos, comprovando os ângulos de 105º.

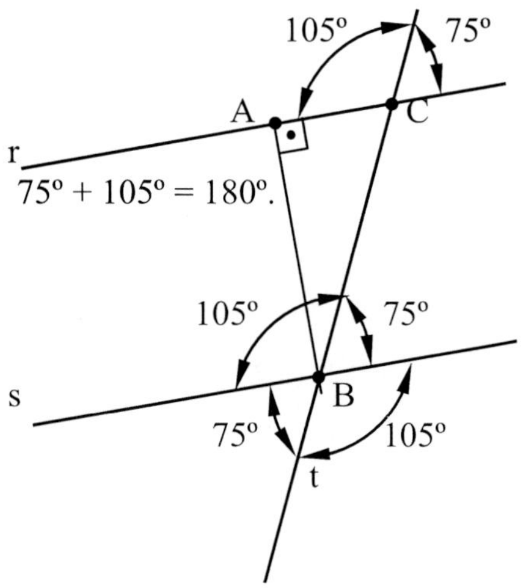

Exercício 3.2.2) Aproveitando a imagem à esquerda do exercício 3.2.1, determine os três ângulos internos e externos do triângulo ABC, bem como suas somas.

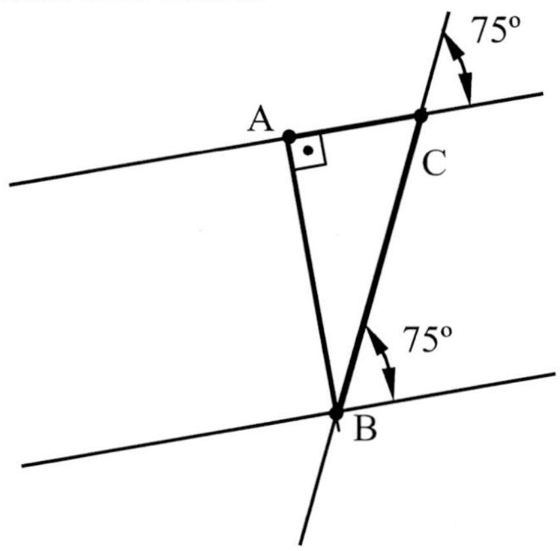

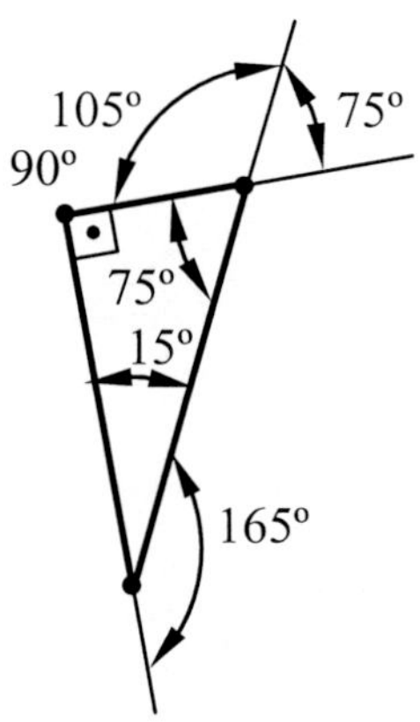

Os ângulos internos do triângulo são:

Ângulo do vértice A = 90º.
Ângulo do vérice B = 15º.
Ângulo do vértice C = 75º.

$90º + 15º + 75º = 180º.$

Os ângulos externos do triângulo são:

Ângulo do vértice A = 90º.
Ângulo do vérice B = 165º.
Ângulo do vértice C = 105º.

$90º + 165º + 105º = 360º.$

3.2 Bissetrizes

Matematicamente, bissetriz é o lugar geométrico dos pontos equidistantes aos lados de um ângulo. Ou seja, quando se traça a bissetriz de um ângulo, qualquer ponto pertencente a ela está à mesma distância de cada um dos lados do ângulo. Lembra-se que para determinar a distância entre um ponto e uma reta (no caso o lado do ângulo), traça-se uma perpendicular à reta (aqui, lado do ângulo), passando pelo ponto. Observe o desenho a seguir.

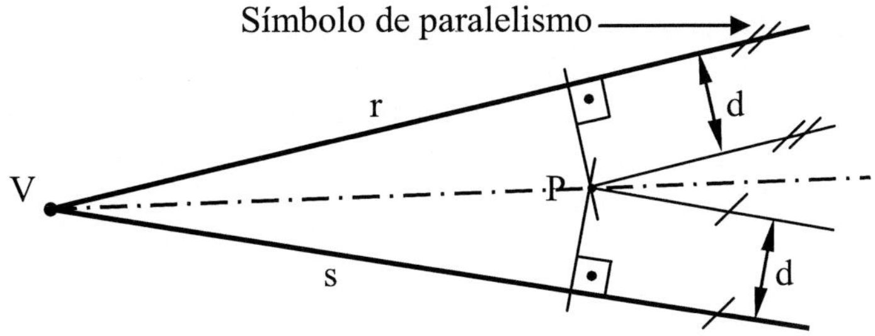

Definição gráfica da bissetriz

Considerando a linha de traço e ponto como bissetriz do ângulo, considerando que o ponto P está sobre a bissetriz, afirma-se que as distâncias d são iguais.

3.2.1 O traçado da bissetriz, com uso do compasso:

1º passo: coloca-se a ponta seca ou metálica do compasso no vértice V do ângulo, marcando-se em cada lado um arco de raio qualquer, determinando os pontos A e B.

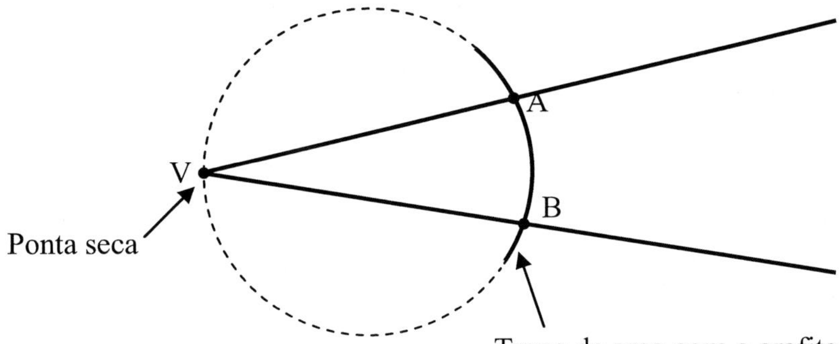

2º passo: usando-se o mesmo raio usado, para marcar os pontos A e B, ou um outro raio maior ou menor, traçam-se arcos, com centros ou ponta seca sobre A e B, determinando o ponto P, no cruzamento desses arcos.

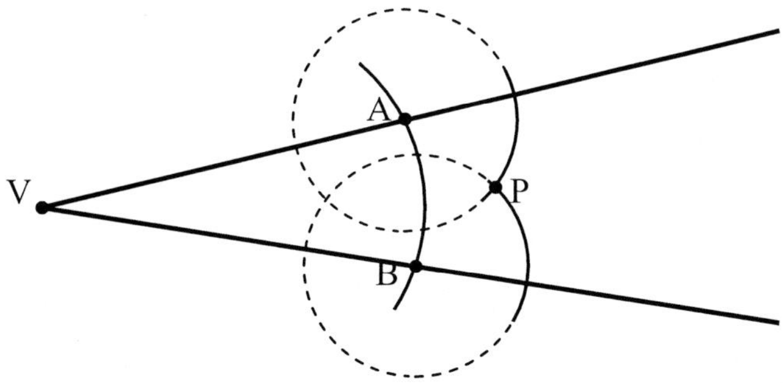

3º passo: A bissetriz, passa pelo ponto P e pelo vértice V, bastando traçar uma reta em traço e ponto, unindo P e V.

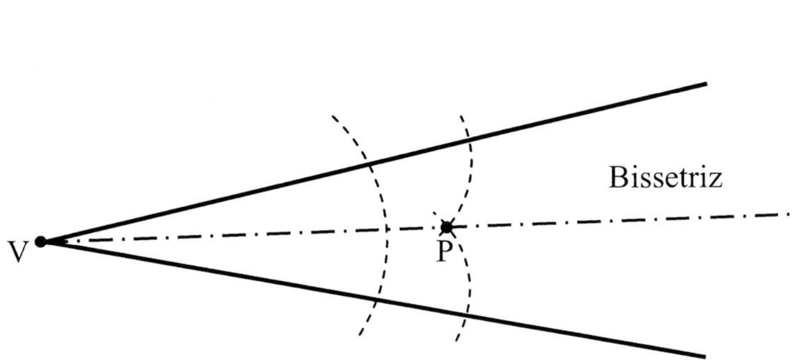

Bissetrizes de ângulos têm muita utilização em Desenho Geométrico, por exemplo, para se determinar o incentro de um triângulo, que é determinado pelo encontro das três bissetrizes dos três ângulos.

3.2.2 O incentro de um triângulo, como encontro das bissetrizes dos três ângulos

Incentro é o ponto obtido pela interseção das bissetrizes, relativas a cada ângulo do triângulo. Pelo incentro pode-se traçar uma circunferência inscrita e tangente aos lados do triângulo. A palavra incentro, devido o prefixo "in", significa um centro, ou melhor ponto, interno ao triângulo. Portanto, em qualquer tipo de triângulo, o incentro sempre estará no interior do triângulo.

≡ É um símbolo que significa coincidente.

Como esse triângulo é retângulo, o ponto H, da bissetriz do ângulo A, coincide com o ponto de tangência T1, referente ao lado BD.

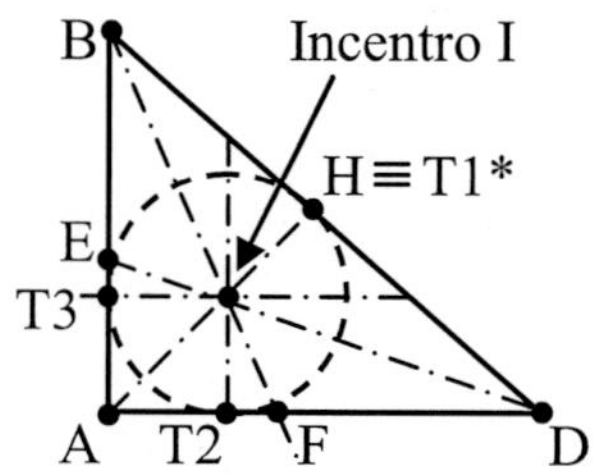

$\overline{DE}$ = bissetriz de $\overline{AB}$
$\overline{BF}$ = bissetriz de $\overline{AD}$
$\overline{AH}$ = bissetriz de $\overline{BD}$

T1, T2 e T3, são os pontos de tangências. Isso significa que a circunferência inscrita toca cada lado, em um só ponto.

Os pontos de tangências são determinados traçando-se perpendiculares a cada lado, passando pelo incentro.

O cálculo analítico, ou seja preciso, da posição do incentro, bem como do raio da circunferência inscrita, pode ser feito com conceitos da Trigonometria (que é da área da Geometria) e da Geometria Analítica, envolvendo a distância entre pontos e equações de retas. Esses conteúdos, em geral, são estudados nos 1º e 2º anos do Ensino Médio.

Exercício resolvido:

3.2.2.1) Desenhe um triângulo obtusângulo com ângulos de 30º, 45º e 105º, com o lado AB valendo 7 cm. Trace as bissetrizes de cada ângulo, determinando o incentro I. Determine os pontos de tangência T1, T2 e T3, e trace a circunferência inscrita. Analise graficamente os diversos triângulos que são formados, no interior do triângulo base ABC. Faça o desenho do triângulo na posição esquemática mostrada.

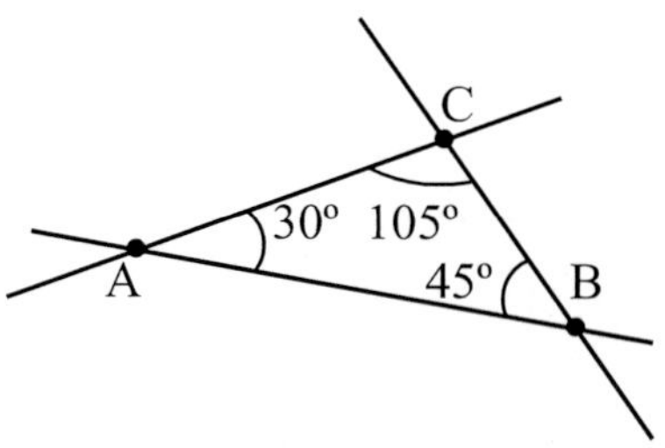

Passo a passo com o raciocínio lógico matemático geométrico:

1º Passo: Traço um segmento de reta AB, com 7 cm de comprimento, dando uma ligeira inclinação para baixo e direita.
2º Passo: Com o par de esquadros traço um ângulo de 30º, a partir do vértice A e para a direita.
3º Passo: Com o par de esquadros traço um ângulo de 45º, a partir do vértice B, para a esquerda e para cima. Onde essa reta do ângulo de 45º intercepta a reta do ângulo de 30º é o vértice C.

4º Passo: Seguindo o descrito no parágrafo 3.3, traço as bissetrizes de cada um dos ângulos. Onde elas se interceptam é o ponto I do incentro. 5º Passo: Com o par de esquadros, traço retas perpendiculares a cada lado, passando pelo incentro. Onde cada perpendicular intercepta os lados, são os pontos de tangência T1, T2 e T3. 6º Passo: com centro no ponto I (incentro) e raio IT1 = IT2 = IT3, traço a circunferência inscrita. 7º Passo: analiso, graficamente, os diversos triângulos formados, no interior do triângulo base ABC.

1º Passo: traço o lado AB, com uma leve inclinação para baixo e para a direita:

2º Passo: traço ângulo de 30º:

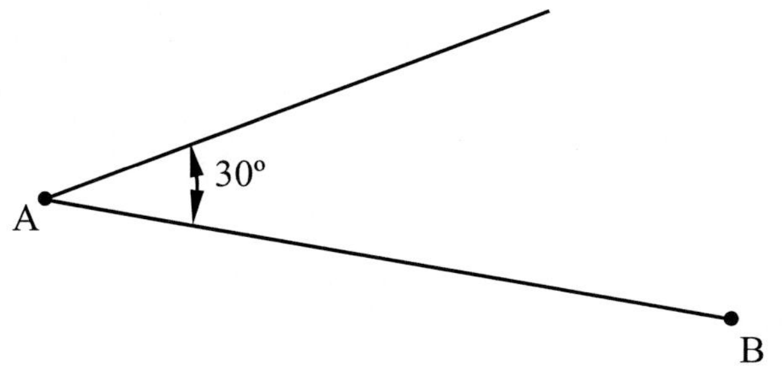

3º Passo: traço ângulo de 45º, determinando o vértice C.

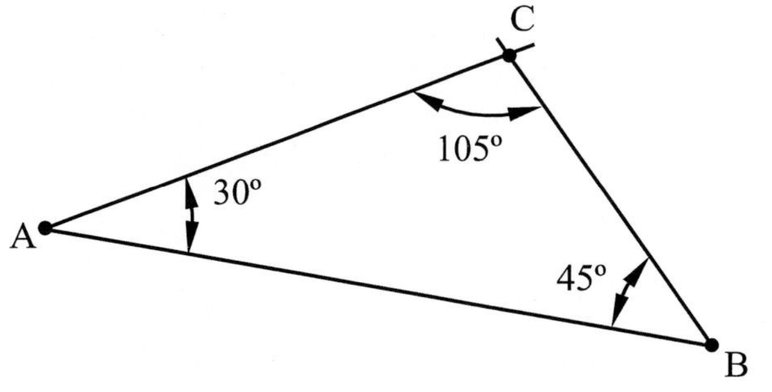

4º Passo: traço as três bissetrizes, determinando o incentro I.

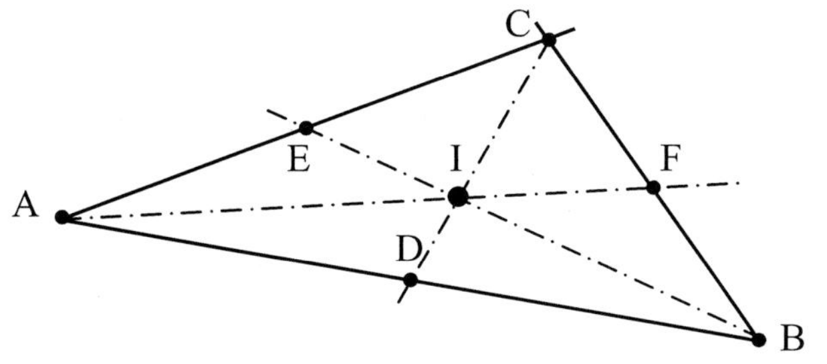

5º Passo: traço as três perpendiculares, passando pelo incentro I, determinando os pontos de tangências.

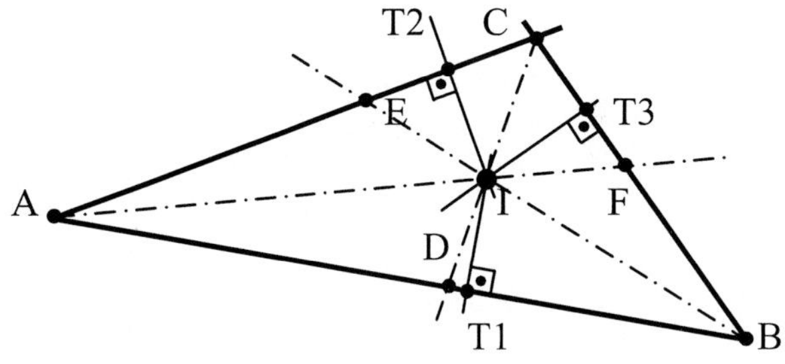

6º Passo: traço a circunferência inscrita, que passa pelos três pontos de tangências.

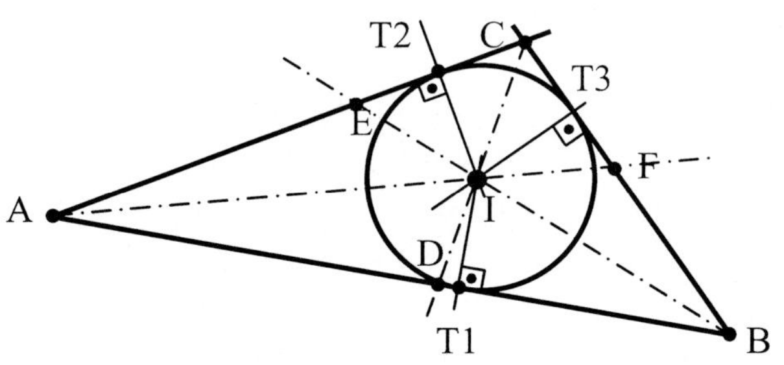

7º Passo: análise gráfica dos triângulos gerados.

Observa-se que foram gerados os seguintes 16 triângulos:
ABI, AID, AIE, AIT1, AIC, AIT2, BIC, BIF, BIT3, CIE, CIF, CIT2, CIT3, DIT1, FIT3 e EIT2. Desses 16 triângulos apenas três: AIT1, AIT2 e BIT3, são triângulos retângulos escalenos. Todos os outros 13 triângulos são acutângulos escalenos.

Observação geral: nesse exercício foram pedidas várias análises e construções geométricas, apenas do ponto de vista gráfico, uma vez que no Ensino Fundamental, no caso desse livro, no 7º ano, ainda não são dominadas as operações trigonométricas, que permitem os cálculos analíticos ou numéricos exatos. Dentre as várias medidas exatas que esse exercício permite, as seguintes são importantes: o comprimento exato de cada um dos lados, uma vez que só foi fornecida a medida do lado AB, a localização precisa do incentro, com as distâncias entre o incentro e cada um dos vértices e, finalmente, a medida exata do raio da circunferência inscrita. Todas essas medidas também podem ser calculadas, facilmente, quando se usa um programa de Geometria Dinâmica, como, por exemplo, o CABRI e o Geogebra.

3.3 O ortocentro de um triângulo

Em um triângulo, de qualquer tipo, altura é a distância entre um lado e o vértice oposto. Ou seja, o conceito da distância entre um ponto e um segmento de reta. Observa-se que, para determinar a distância entre um ponto e um segmento de reta, traça-se uma perpendicular ao segmento passando pelo ponto. A distância é a medida sobre a perpendicular, entre o ponto considerado e o outro ponto, onde a perpendicular intercepta o segmento de reta. Como todo triângulo tem três lados e três vértices, logo, todo triângulo, de qualquer tipo e em qualquer posição, tem três alturas.

Como será mostrado a seguir, dependendo do tipo de triângulo, em especial nos obtusângulos, a determinação da altura, exige o prolongamento do(s) lado(s), retornando-se à definição de triângulo, como: "triângulo (três ângulos) ou trilátero (três lados) é a região plana interna delimitada pela interseção de três retas, não coincidentes, não paralelas e não perpendiculares entre si".
Dependendo do tipo de triângulo o ortocentro muda de posição, como mostrado a seguir.

Ao encontro das três alturas de um triângulo dá-se o nome de ortocentro, onde o prefixo orto significa perpendicular ou ortogonal. Dependendo do tipo de triângulo, o ortocentro pode ocorrer num vértice, como nos triângulos retângulos, onde o ortocentro coincide com o vértice do ângulo de 90º. Nos triângulos acutângulos, o ortocentro ocorre no interior da figura. Nos triângulos obtusângulos, o ortocentro situa-se fora da figura do triângulo. As figuras a seguir mostram os três tipos de ortocentros*.
O prefixo "orto", em grego antigo "*orthós*", significa em linha reta.

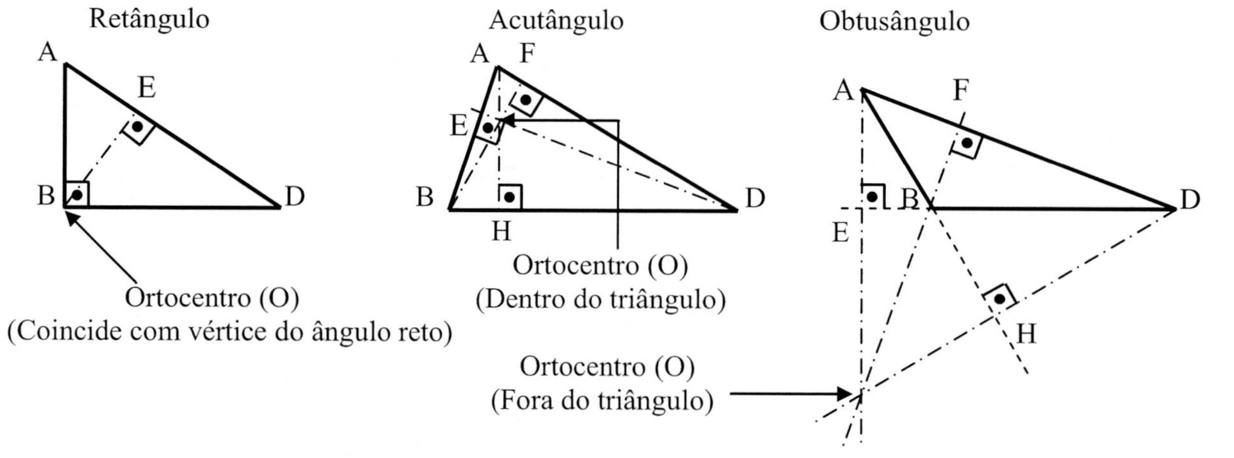

Considerando esses três tipos de triângulos tem-se:

Alturas no triângulo retângulo
- BD = altura em relação ao lado AB (altura é o cateto BD)
- AB = altura em relação ao lado BD (altura é o cateto AB)
- BE = altura em relação ao lado AD (AD é a hipotenusa)

Alturas no triângulo acutângulo
- DE = altura em relação ao lado AB
- AH = altura em relação ao lado BD
- BF = altura em relação ao lado AD

Alturas no triângulo obtusângulo
- DH = altura em relação ao lado AB (com prolongamento do lado AB)
- BF = altura em relação ao lado AD
- AE = altura em relação ao lado BD (com prolongamento do lado BD)

Exercício resolvido:

Considerando o segmento de reta AB, a seguir mostrado, utilizando o par de esquadros e o compasso, desenhar um triângulo ABC, sabendo que os lados medem: AB 5 cm; AC 7 cm e BC 3 cm. Determinar, graficamente, a localização do ortocentro do triângulo.
Aqui pede-se apenas a localização gráfica do ortocentro mas, como já observado, a localização exata do ortocentro, por exemplo com sua distância até cada vértice, bem como o valor real de cada altura, pode ser feito, quando se desenha com um programa de Geometria Dinâmica, como o CABRI e o Geogebra.

Inicialmente desenha-se o triângulo.

1º passo

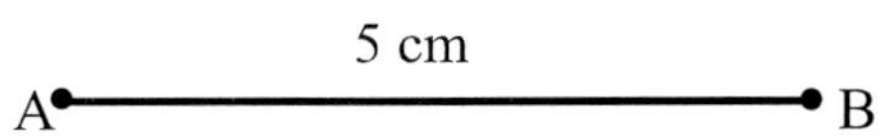

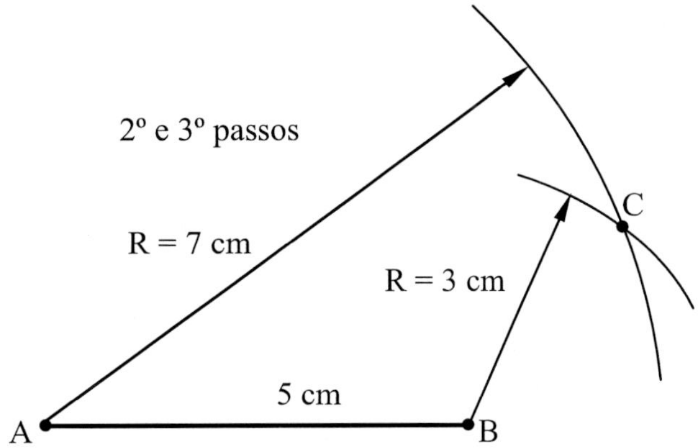

Observa-se que é um triângulo escaleno e obtusângulo, portanto, o ortocentro estará na parte de fora do triângulo.

4º passo

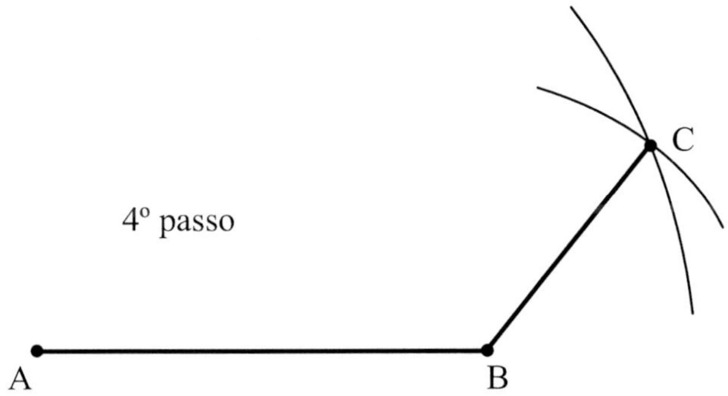

5º passo

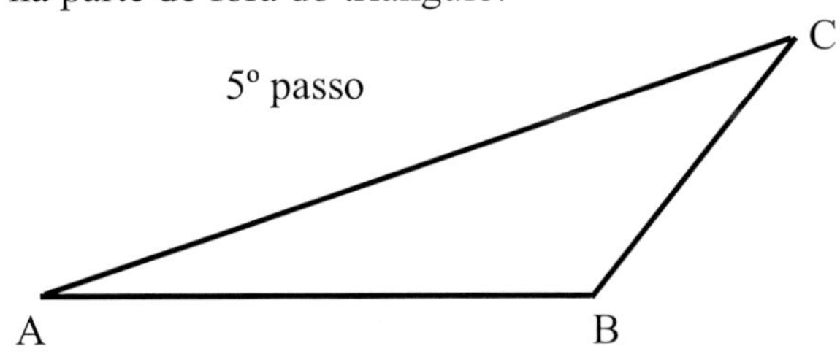

Determinação do ortocentro, com o traçado e prolongamento da altura, referente a cada lado.

Resposta final

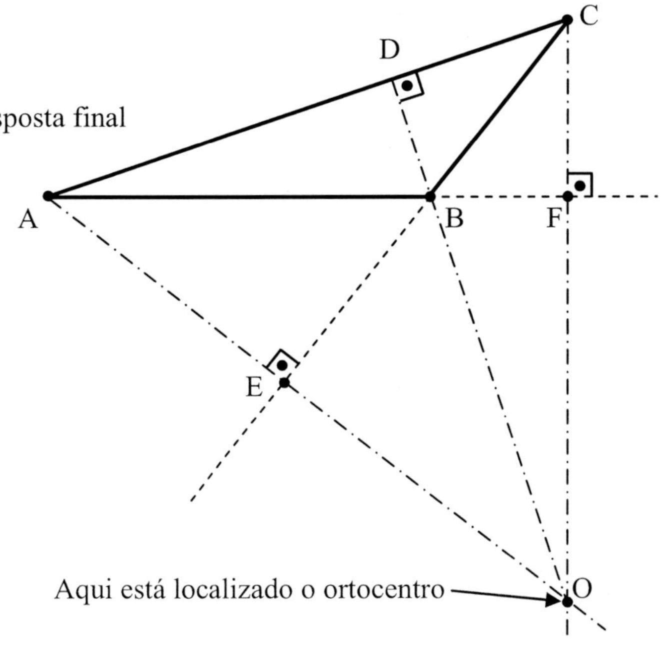

CF = altura em relação ao lado AB.
DB = altura em relação ao lado AC.
AE = altura em relação ao lado BC.

O cálculo exato das dimensões das alturas CF, DB e AE, bem com das distâncias do ortocentro aos vértices A, B e C, é possível usando a trigonometria nos triângulos, bem como *softwares* , como por exemplo, o GeoGebra.
Também é possível determinar as alturas e a exata localização do ortocentro, com cálculos de equações de retas e distâncias entre pontos e pontos e retas, com análises pela Geometria Analítica.

3.3.1 O triângulo órtico e uma sua propriedade

O triângulo órtico é formado pelos pontos onde a linha da altura de cada lado intercepta o próprio lado. Por exemplo, no exercício anterior, foi desenhado um triângulo obtusângulo de lados AB 5 cm; AC 7 cm e BC 3 cm e se forem unidos os pontos DEF, gera-se o chamado triângulo órtico.

Triângulos órticos possuem várias propriedades, sendo que em todo triângulo obtusângulo o vértice do ângulo obtuso é o ponto onde se localiza o incentro do triângulo órtico, ou seja, o ponto de interseção das bissetrizes dos ângulos do triângulo órtico. A figura a seguir, à esquerda, mostra o triângulo órtico DEF do triângulo obtusângulo ABC.

A figura da direita mostra a circunferência inscrita ao triângulo órtico DEF, após a determinação dos pontos de tangências T1, T2 e T3, a partir de perpendiculares a cada lado do triângulo órtico e passando pelo seu incentro, ou seja, pelo vértice do ângulo obtuso do triângulo ABC.

Triângulos retângulos, não possuem triângulo órtico.

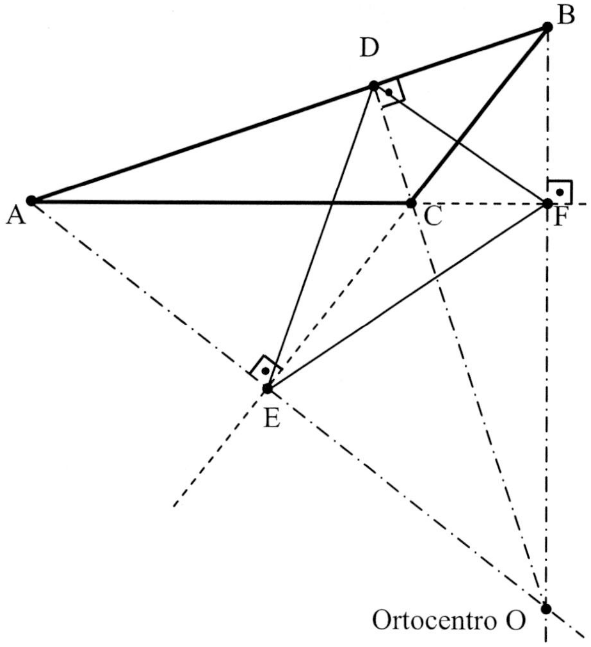

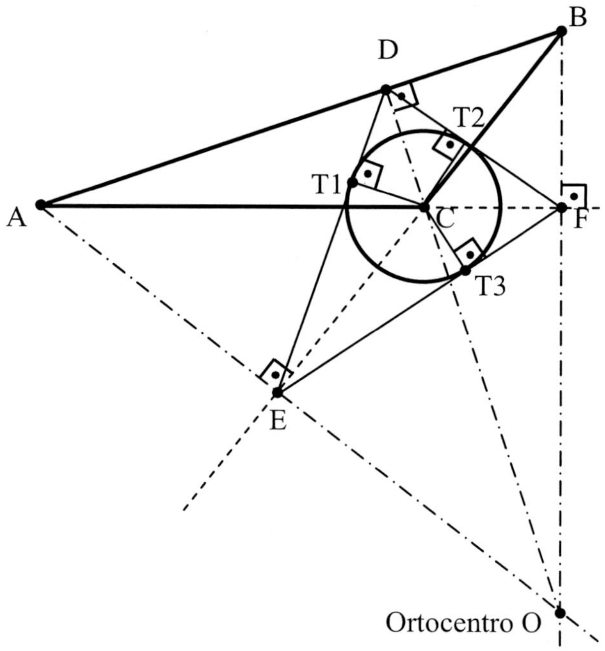

Em todo triângulo equilátero, tanto o ortocentro (encontro das alturas), quanto o incentro (encontro das bissetrizes), coincidem no mesmo ponto. Triângulos retângulos, não possuem triângulo órtico.

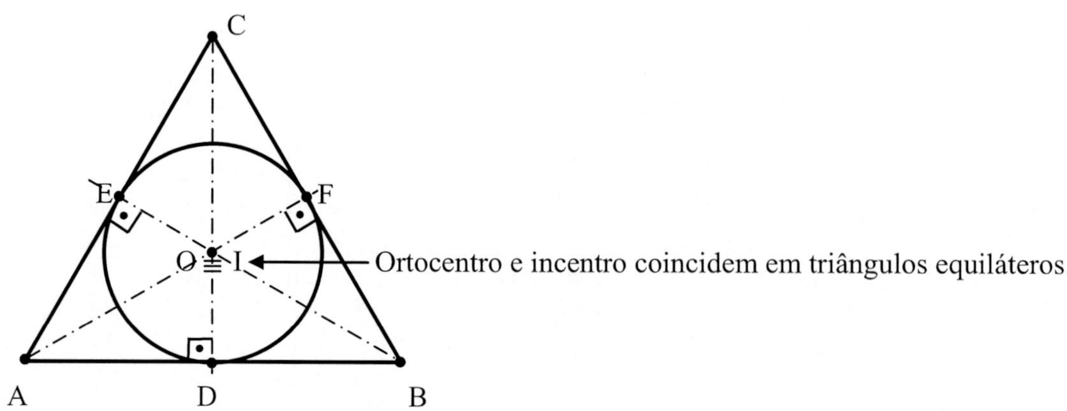

3.4 A rigidez dos triângulos

Do ponto de vista matemático, sabe-se que três pontos definem um plano. Por exemplo, é normal uma cadeira ou uma mesa, com quatro apoios ou pernas, ficar bamba, tendo que uma das pernas ser calçada. Agora se pegarmos uma mesa ou uma cadeira com três pernas, ela se adapta ao piso e não fica bamba. Engenheiros e arquitetos, estudam e sabem muito bem que, estruturas na forma de triângulos são rígidas e têm a melhor resistência a esforços. Existe uma experiência simples e prática, que pode ser feita em qualquer sala de aula de Geometria ou Desenho Geométrico, que consiste em pegar quatro pequenos pedaços de madeira, por exemplo, palitos de picolés e uní-los nas pontas com percevejos metálicos, no formato de um quadrado. Da mesma forma faz-se um triângulo, ou seja, com três palitos. As figuras a seguir ilustram o dito. Quando se aplica uma força na estrutura quadrada, ela se deforma e se transforma num losango. Quando se aplica uma força na estrutura triangular, ela não se deforma e fica com a mesma geometria.

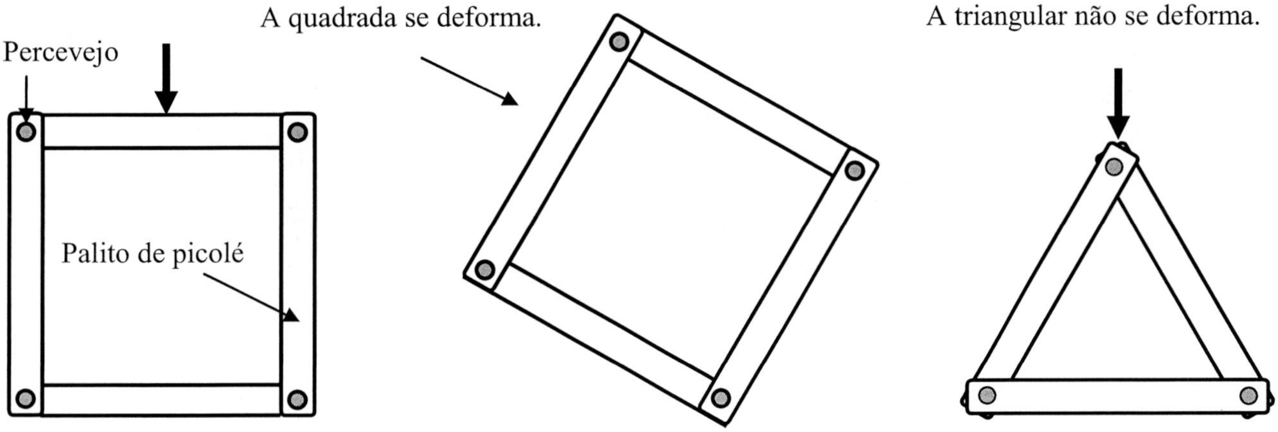

A imagem abaixo mostra o que se chama treliça triangular, muito utilizada em estruturas de pontes, bem como em telhados de casas.

Observa-se que existem vários triângulos nesta estrutura, dando-lhe uma alta resistência.

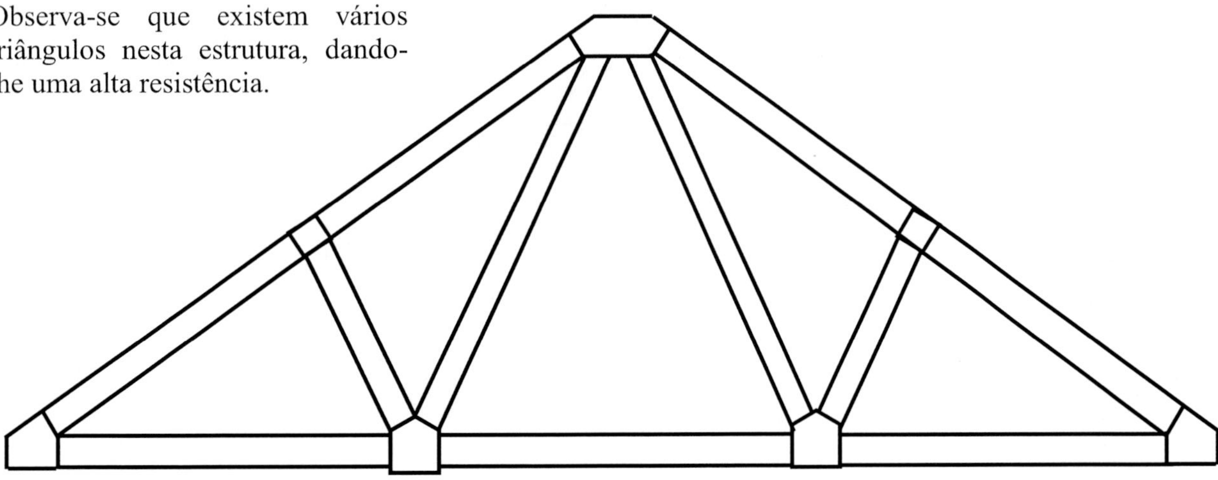

3.5 Exercícios propostos

3.5.1) Desenhe um triângulo isósceles de lado AB = 4 cm e lados AD E BD = 6 cm. Determine graficamente as posições dos seguintes pontos: a) Incentro I, b) Ortocentro O e c) Circuncentro C.

3.5.2) Para o triângulo do exercício anterior traçar: a) a circunferência que passa pelos vértices A, B e D e b) a circunferência inscrita e tangente aos lados do triângulo.

3.6 Arte geométrica com triângulos e quadriláteros

Conjugando em posições diversas, é possível criar verdadeiras obras de arte, ou melhor, Arte Geométrica, com triângulos e quadriláteros, como a seguir mostrado.

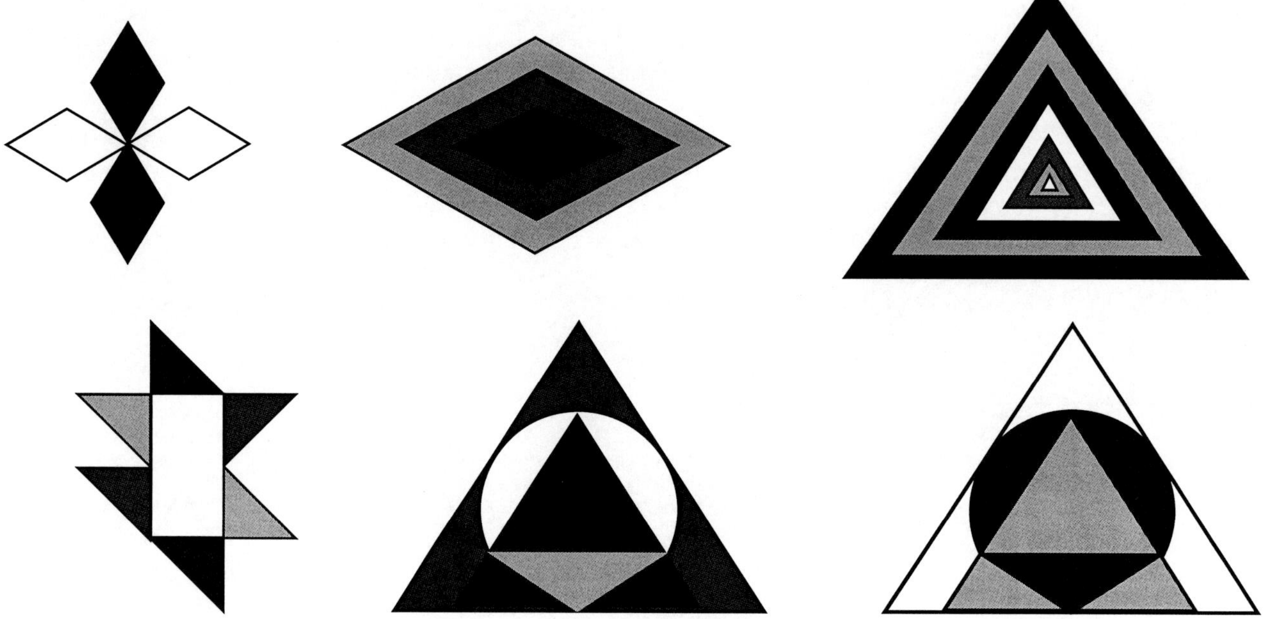

Imagens podem ser preenchidas com padrões em preto e branco, também constituíndo-se em belas obras de Arte geométrica. A seguir são mostradas imagens e alternativas, a partir de triângulos e losangos:

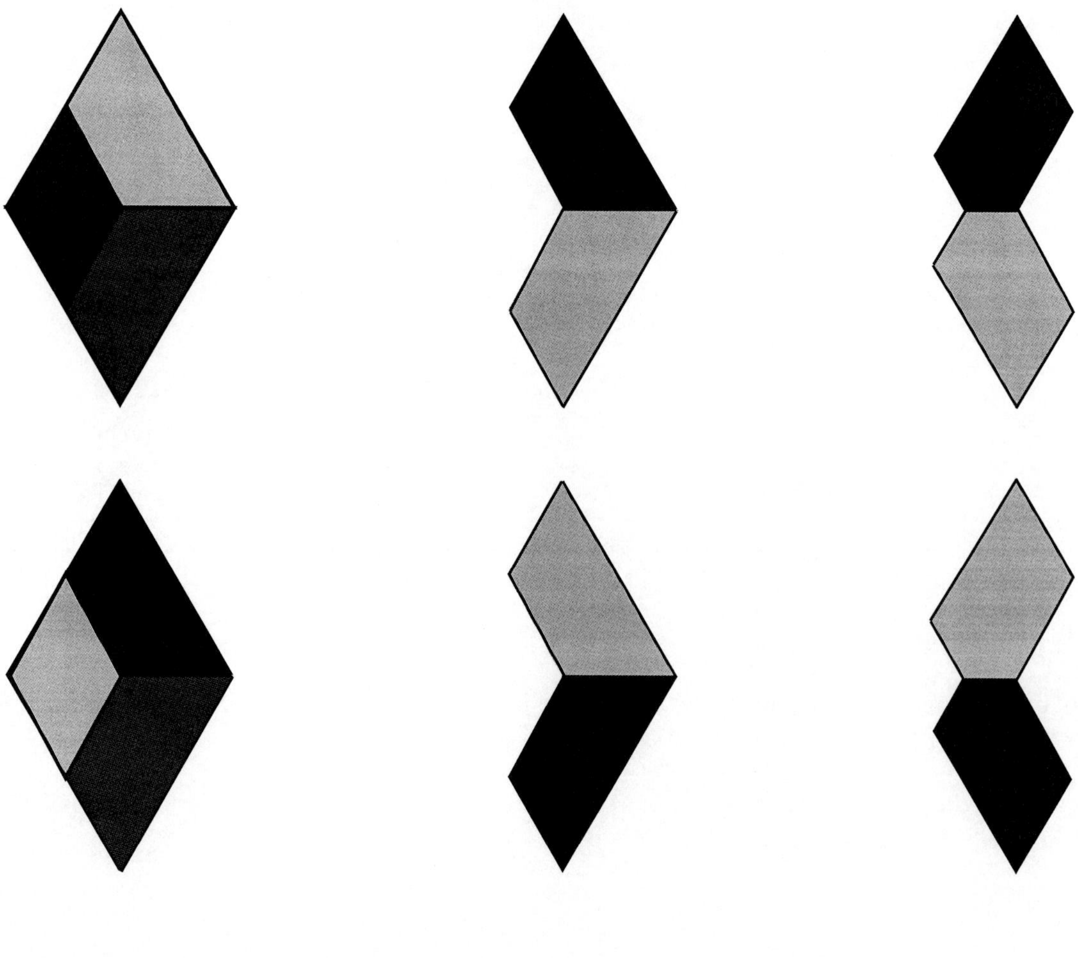

A circunferência, o círculo, seus arcos e suas construções geométricas. O número $\pi = 3,1416$

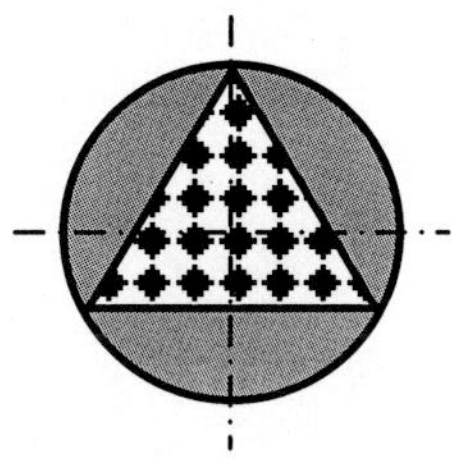

Triângulo equilátero
Inscrito numa
circunferência

Composição de arcos de
círculos, com belo efeito
plástico visual

A circunferência e o círculo permitem inúmeras construções geométricas, principalmente os polígonos regulares inscritos e circunscritos. Além de muito facilitar a compreensão da Geometria plana, as construções geométricas envolvendo circunferências e círculos permitem belas e criativas imagens relacionadas à Arte Geométrica. Também deve ser mencionado que o domínio do traçado de circunferências e círculos em muito facilita o aprendizado da Trigonometria no círculo.

4.1 Circunferência e círculo: definições, elementos e relações geométricas

Circunferência é o lugar geométrico dos pontos equidistantes a um determinado ponto. Ou seja, é uma linha, ou melhor, um perímetro. Círculo é a área contida no interior de uma circunferência.

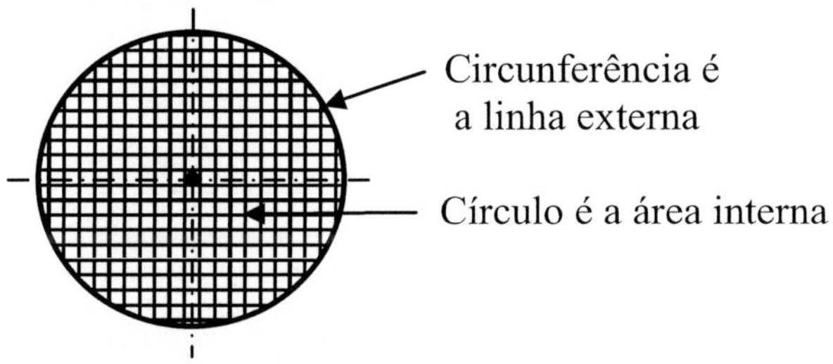

Circunferência como lugar geométrico

Na Geometria euclidiana, circunferência é o lugar geométrico dos pontos de um plano que equidistam de um ponto fixo. O ponto fixo é o centro e a equidistância o raio da circunferência.

Elementos principais de uma circunferência

C = centro ou origem (é o ponto que equidista da linha externa)
d = é o diâmetro ou maior corda
r = é o raio, que é metade do diâmetro: $d = 2r$

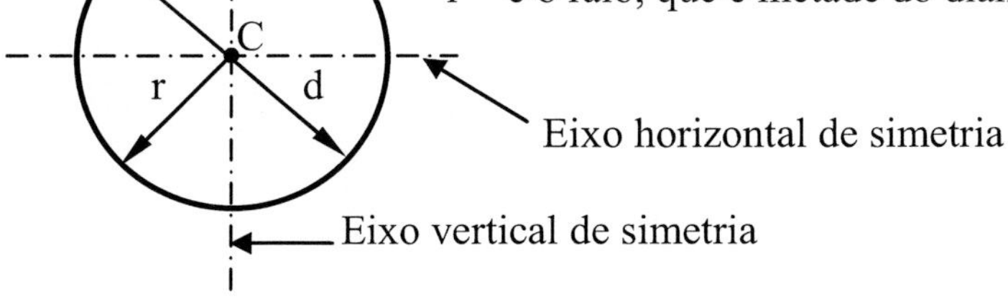

Os eixos de simetria, dividem a circunferência em partes iguais.

Elementos característicos

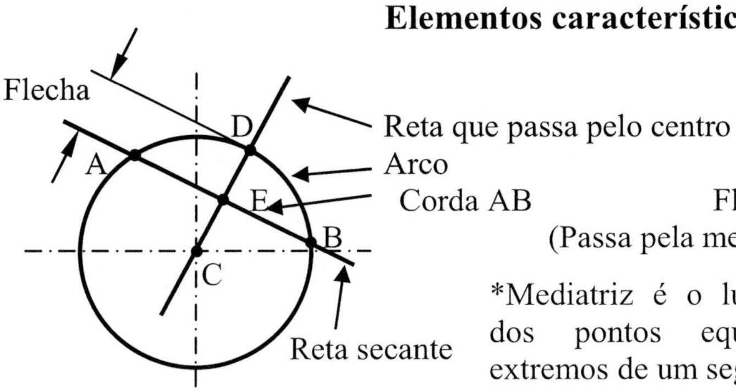

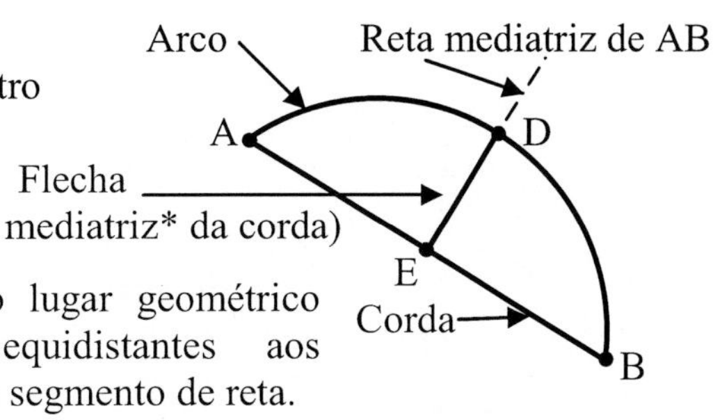

*Mediatriz é o lugar geométrico dos pontos equidistantes aos extremos de um segmento de reta.

O diâmetro é a maior corda de uma circunferência, e o raio é a maior flecha. Considerando a corda AB, a flecha CD lhe é perpendicular, passando pelo seu ponto médio e pelo centro da circunferência.

Os quatro elementos característicos de um círculo

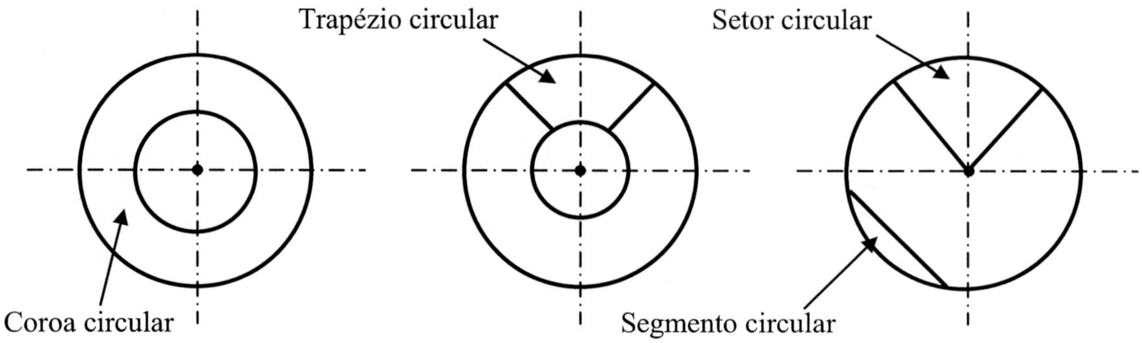

Detalhes e relações geométricas nos círculos

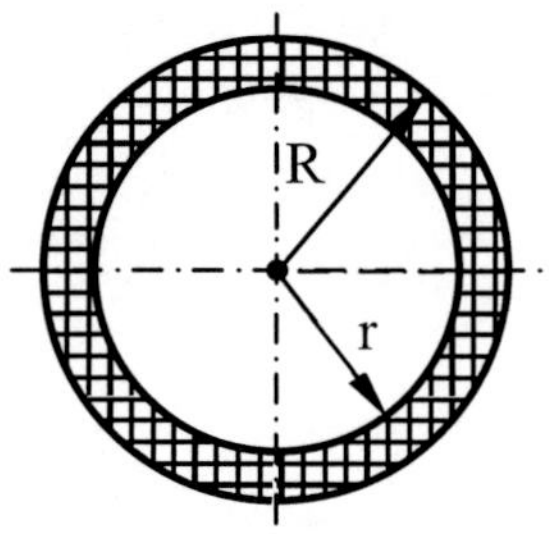

Coroa circular

- Área do círculo: $S = \pi \cdot r^2$ ou $S = \pi \cdot d^2 / 4$
- Área da coroa circular = área maior - área menor.
- Área da coroa circular $= \pi \cdot R^2 - \pi \cdot r^2 = \pi \cdot (R^2 - r^2)$

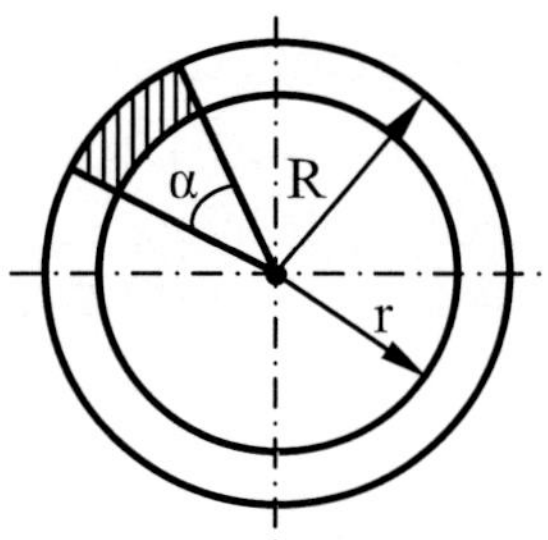

Trapézio circular

$$\text{Área} = \frac{\pi \cdot (R^2 - r^2) \cdot \alpha}{360^\circ} \quad (\alpha \text{ em graus})$$

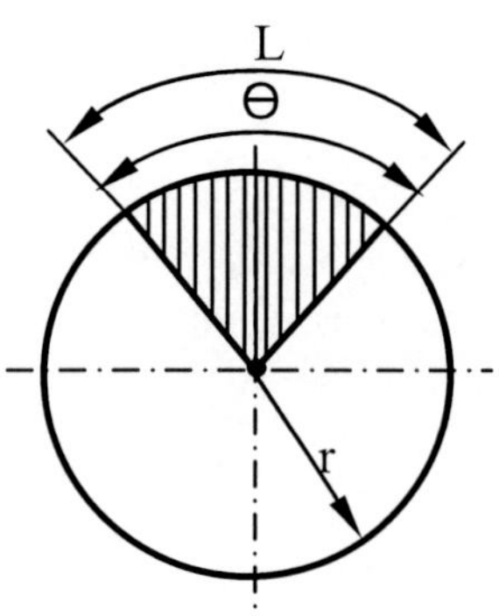

Setor circular

$$\text{Área} = \frac{\Theta \cdot \pi \cdot r^2}{360^\circ} \quad (\Theta \text{ em graus})$$

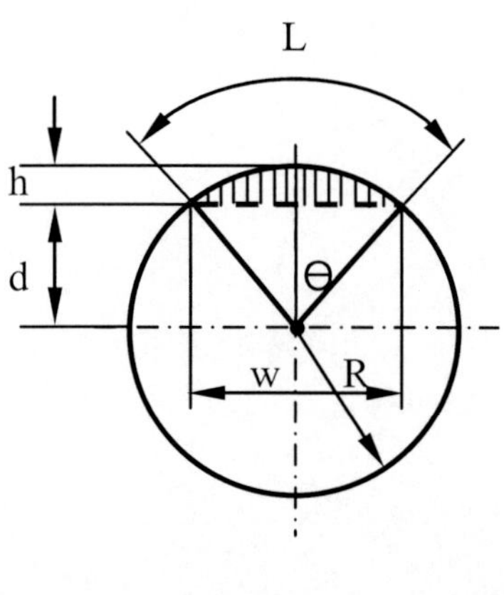

Segmento circular

$$\text{Área} = \frac{L}{2} \cdot R^2 \cdot \left[\frac{\pi \cdot \Theta}{180^\circ} - \text{sen}\,\Theta \right] \quad (\Theta \text{ em graus})$$

4.2 O desenho de circunferências e arcos com o compasso

Seja arco ou circunferência, a primeira coisa que se faz é marcar o centro e traçar os dois eixos de simetria. Esses eixos delimitam a circunferência em partes iguais. Quando se faz o desenho de uma circunferência, utilizando um compasso, a sua abertura tem que ser igual ao valor do raio.

Exercício 4.2.1) considerando o ponto P e a reta s, como mostrado a seguir, trace uma circunferência de diâmetro 3 cm e que passe exatamente pelo ponto P.

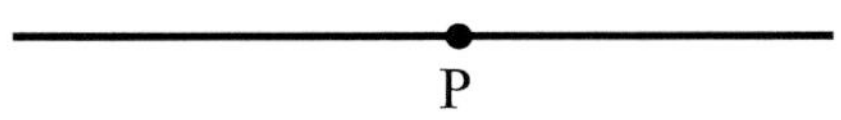

Raciocínio lógico geométrico

1º Inicialmente traça-se uma reta perpendicular à reta s, passando pelo ponto P. Essa perpendicular deve ter mais de 3cm de comprimento.
2º Na sequência marca-se o centro da circunferência, sobre a reta perpendicular, distando 1,5 cm, que é o raio da circunferência, do ponto P. (Marcar com o compasso).
3º Com o centro marcado, abre-se o compasso com 1,5 cm, coloca-se a ponta seca no centro, a ponta de grafite no ponto P e desenha-se a circunferência, dando uma volta no compasso.
4º Traçam-se as linhas de simetrias horizontal e vertical.

1º)

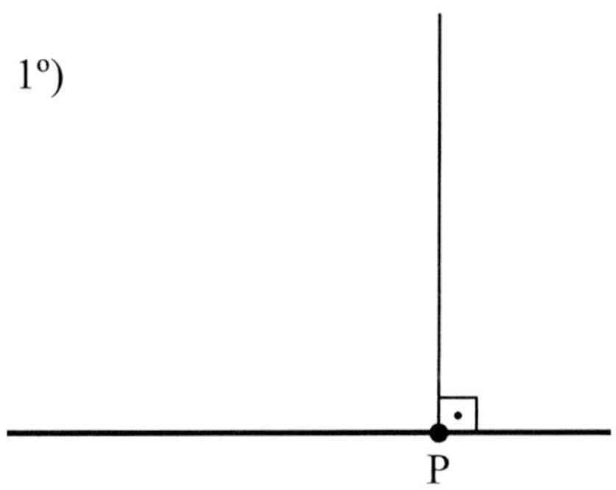

2º)

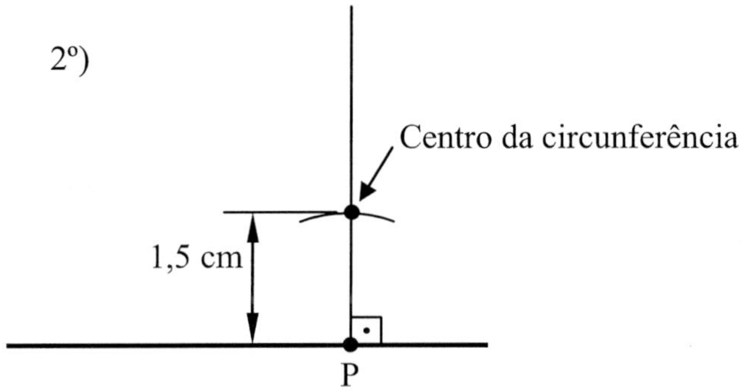

3º)

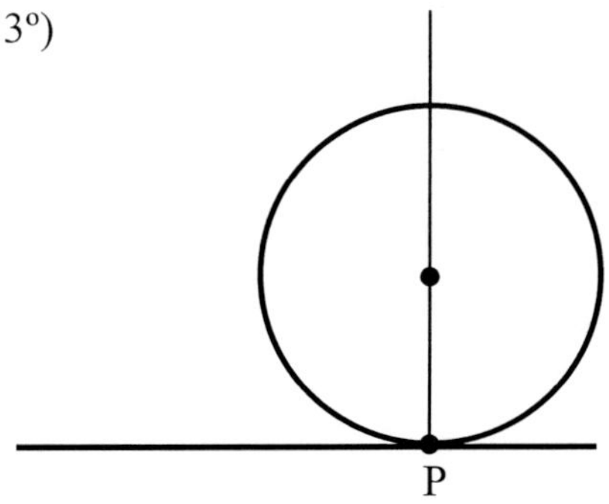

4º) Solução final

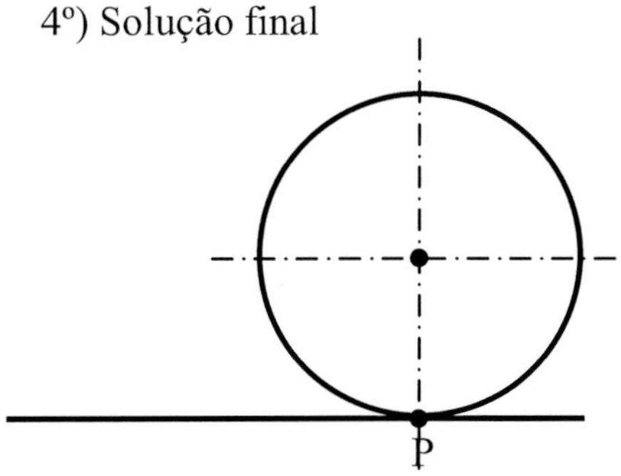

Lembra-se que a linha usada nos eixos de simetria é do tipo traço e ponto.

4.3 Posições relativas entre circunferências

Duas ou mais circunferências (ou círculos) podem assumir as seguintes posições, entre si:

Circunferências
- Concêntricas: têm o mesmo centro
- Excêntricas: centros não coincidem (podem ou não, serem também secantes)
- Tangentes: as curvas se tocam em apenas um ponto
- Secantes: as curvas se cruzam (ou se interceptam)

Lembra-se que, para traçar uma circunferência, o compasso tem que ser aberto com o valor do raio.

Circunferências concêntricas

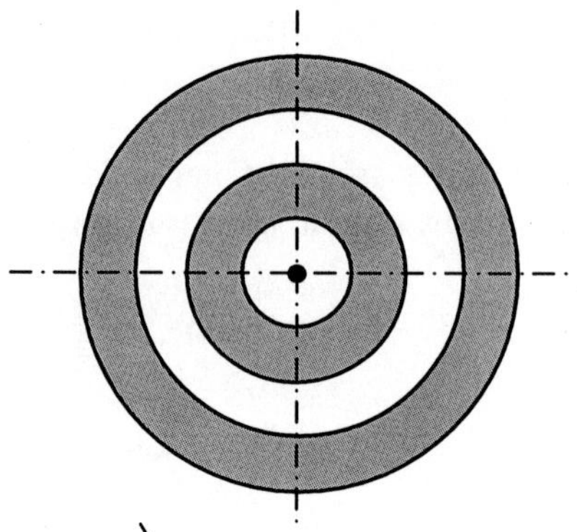

Cinco circunferências com raios de: 1 cm, 2 cm, 3 cm e 4 cm.

Circunferências excêntricas

Circunferências tangentes, tocam-se em um ponto apenas. T1 e T2 são pontos de tangências.

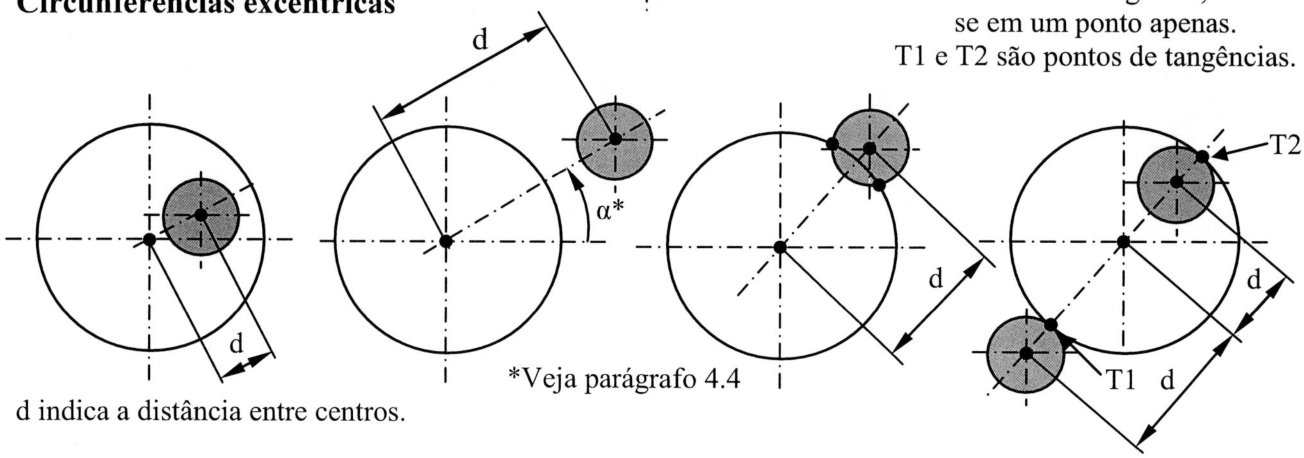

d indica a distância entre centros.

Internas | Externas | Secantes | Tangentes interna/externa

4.4 Ângulos trigonométricos em graus e em π radianos

A palavra trigonometria vem do grego: *tri* + *gonos* + *metron*, que significa: três + ângulos + medida, que se refere ao estudo das medidas dos lados, ângulos e outros elementos dos triângulos. Como mostrado a seguir, tem-se uma interpretação de ângulos em uma circunferência, a partir de um triângulo retângulo, que tem o centro da circunferência, como um dos vértices da hipotenusa. Esses ângulos ocorrem na chamada circunferência trigonométrica, que tem raio igual à unidade (R = 1). Observa-se que os ângulos trigonométricos na circunferência têm apenas uma das pontas da seta, pois esses ângulos têm sentido. A origem dos ângulos trigonométricos na circunferência, ocorre à esquerda da linha de centro horizontal, onde se situa o 0° ou zero grau. A partir de 0° os ângulos aumentam no sentido anti-horário. A circunferência completa tem a soma de quatro ângulos de 90°, perfazendo 360°.

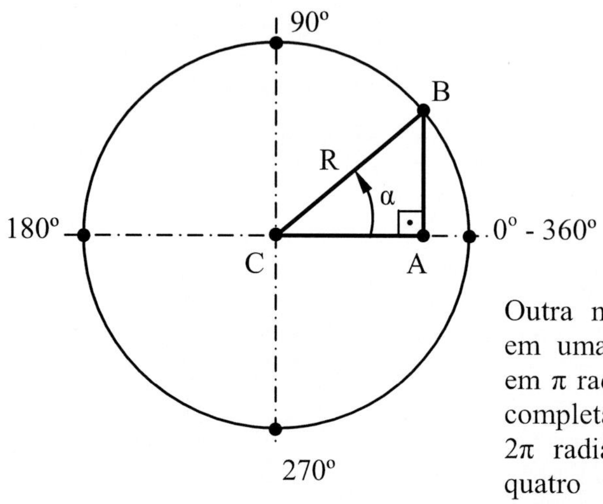

C = centro da circunferência.
R = raio da circunferência (igual a CB).
α = ângulo trigonométrico.
CB = hipotenusa do triângulo retângulo CAB.
CA = cateto. AB = cateto.

Outra medida de ângulo em uma circunferência é em π radianos. Uma volta completa (360°) é igual a 2π radianos e os outros quatro ângulos são mostrados à direita. Veja detalhes sobre o número π no parágrafo 4.9.

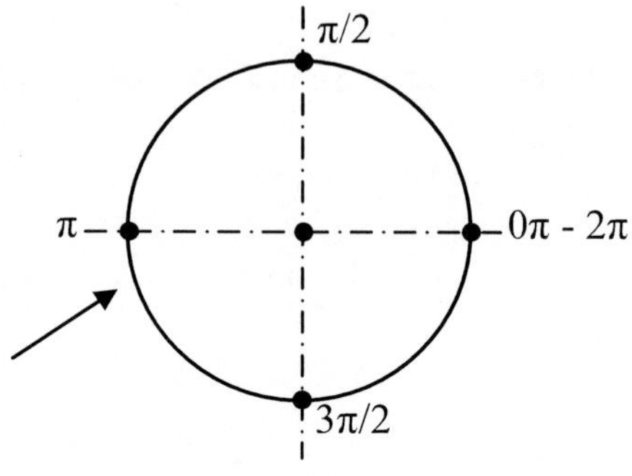

Exercício 4.4.1) Desenhe uma circunferência de diâmetro 5 cm e, utilizando o par de esquadros, trace um ângulo trigonométrico de 120º.

Raciocínio lógico geométrico: 1º diâmetro 5 cm, significa raio 2,5 cm, que é a abertura do compasso e 2º ângulo trigonométrico de 120º, significa traçar um ângulo de 60º, para cima e para a esquerda, pois o seu suplemento é o ângulo de 120º (120º + 60º = 180º).

Posição do par de esquadros, para traçar o ângulo de 60º.

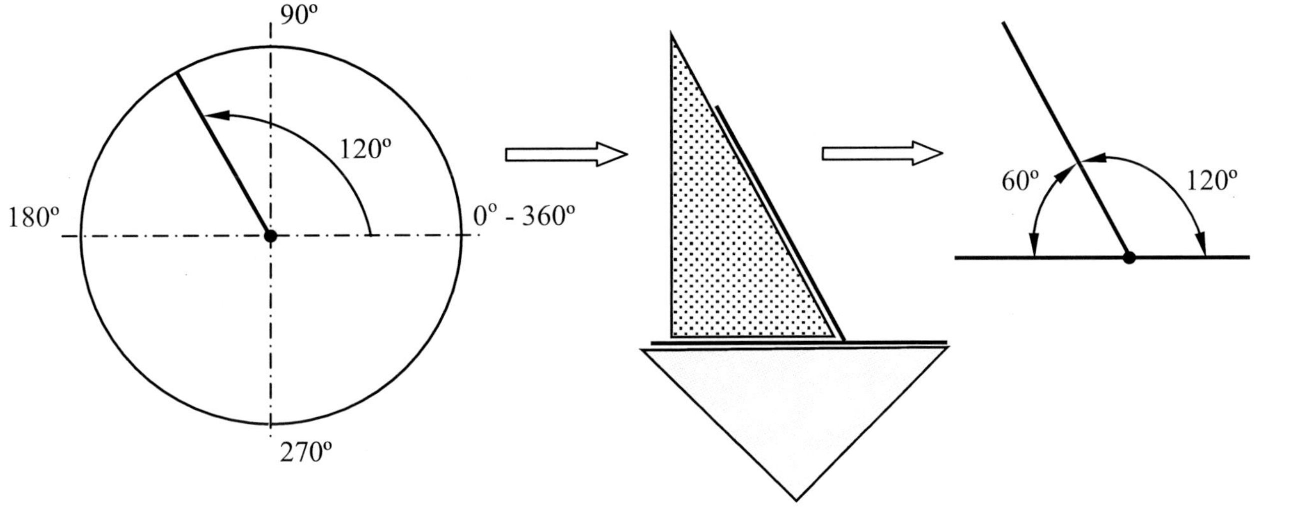

Exercício 4.4.2) Duas circunferências são tangentes externamente, com ponto de tangência T1 no ângulo trigonométrico de 75º. Desenhar as duas circunferências sabendo que: a circunferência maior tem diâmetro 4 cm e a menor 2 cm. Determinar a distância d entre os centros das circunferências. Trace o ângulo utilizando o par de esquadros.

Raciocínio lógico geométrico: 1º diâmetro 4 cm, significa raio 2 cm, que é a abertura do compasso, bem como o raio da menor é 1cm; 2º traço a circunferência maior; 3º determino o ponto de tangência T1; 4º traço uma linha a partir do centro da circunferência maior, passando pelo ponto de tangência. Essa linha deve ser estender um pouco, para cortar a circunferência menor; 5º sobre a linha traçada anteriormente, e a partir do ângulo trigonométrico de 75º, marco o raio da circunferência menor, ou seja, 1 cm; 6º traço a circunferência menor e 7º determino a distância entre os centros.

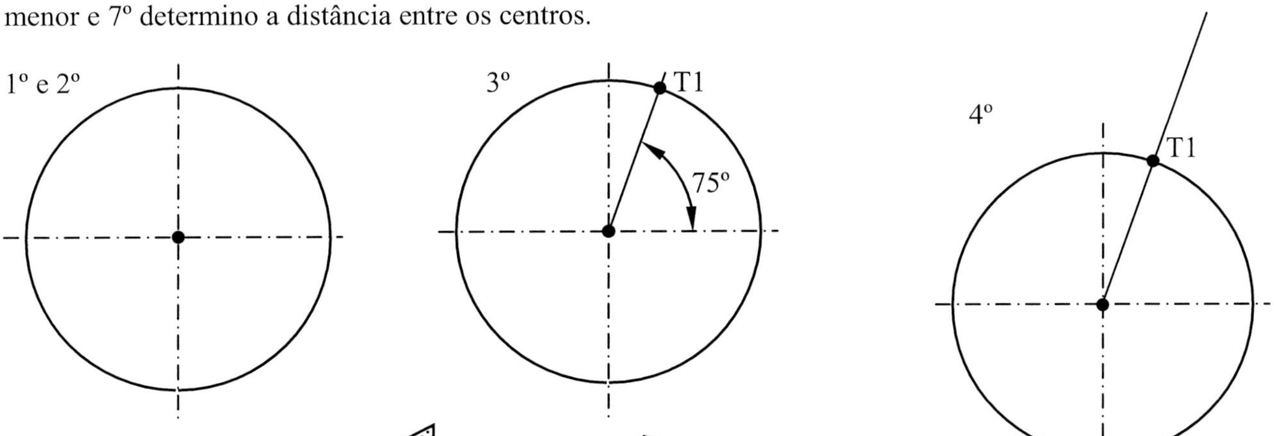

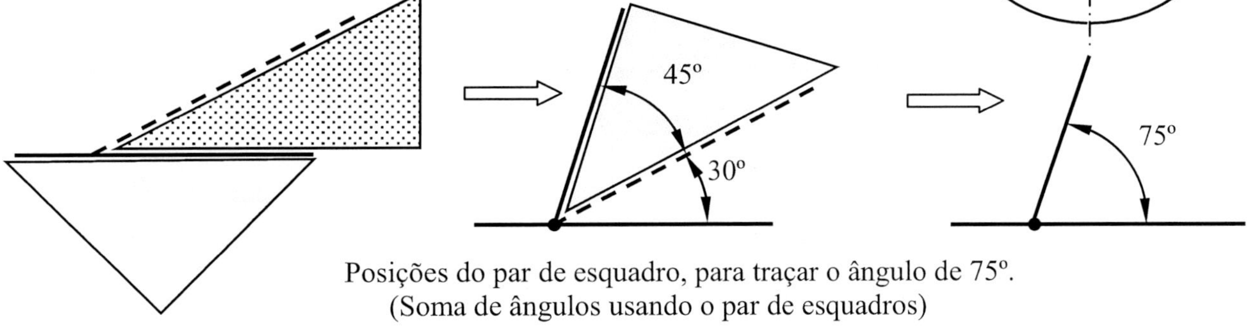

Posições do par de esquadro, para traçar o ângulo de 75º.
(Soma de ângulos usando o par de esquadros)

5º

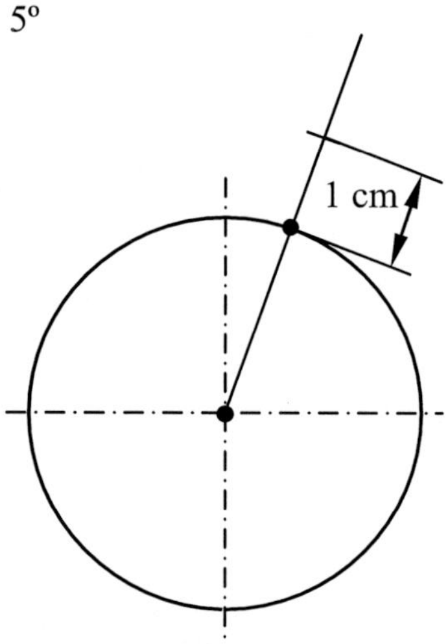

6º e 7º

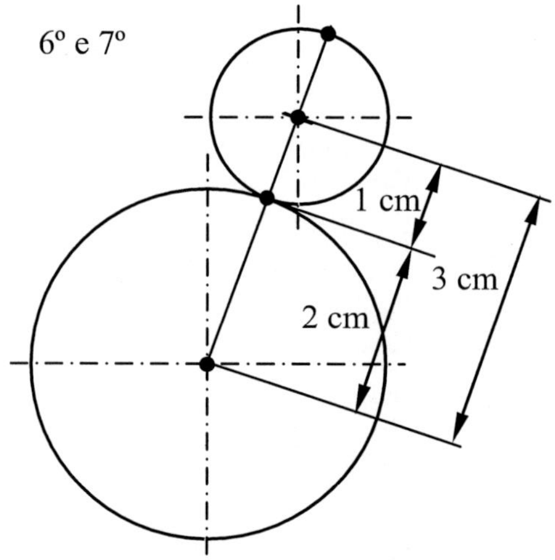

A distância entre os centros é igual a 3 cm.

4.5 O ângulo central e suas construções geométricas

Ângulo central é todo ângulo, interno à circunferência, com vértice coincidente com o centro. Esse ângulo tem valor máximo de 360º.

OA = OB = Raio da circunferência.

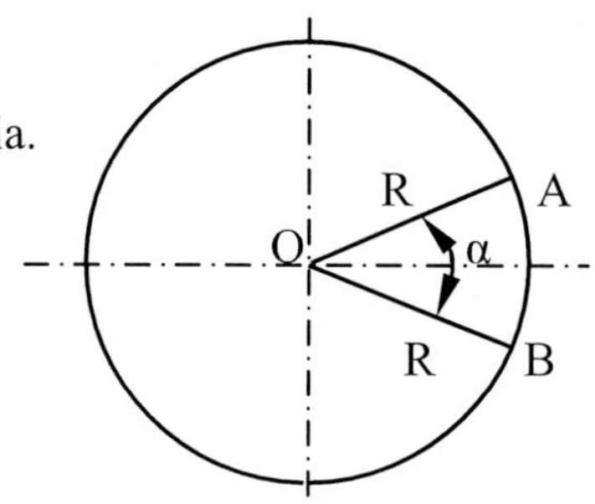

O conceito de ângulo central tem várias aplicações, especialmente no estudo dos polígonos inscritos e circunscritos a uma circunferência. Por exemplo, um hexágono regular inscrito, ou seja, um polígono com seis ângulos centrais iguais, tem ângulo central igual a 60º, pois: 360º/6 = 60º.

Exercício 4.5.1) Sobre uma circunferência de raio 2 cm, pede-se: a) trace os ângulos trigonométricos de 90º, 210º e 330º, b) após traçar os ângulos trigonométricos, estude os valores dos ângulos centrais e c) qual figura geométrica surge, quando são traçadas retas unindo os pontos dos ângulos trigonométricos, dois a dois? (Os ângulos podem ser traçados com o par de esquadros ou com o transferidor).

a)

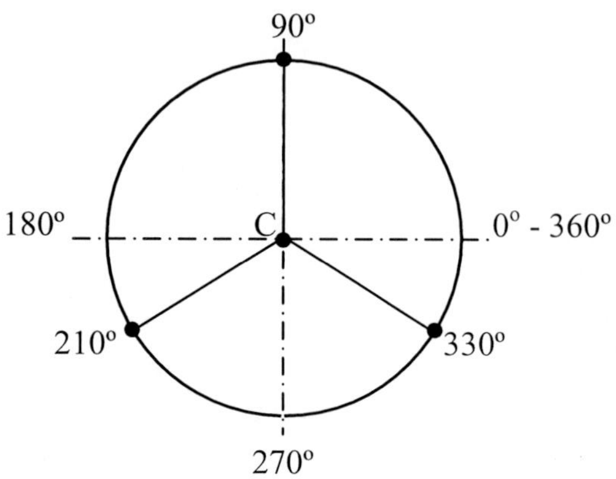

b)

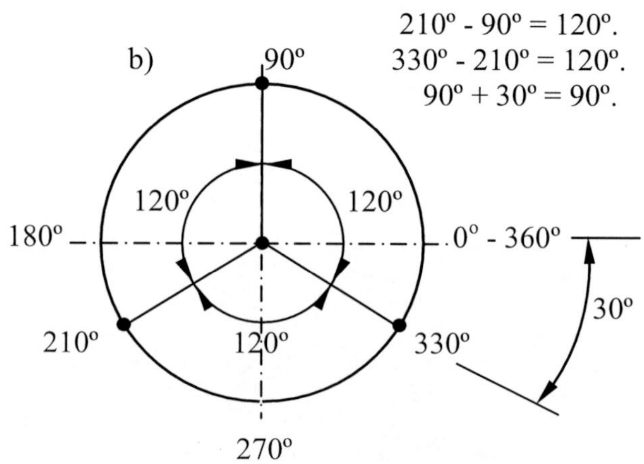

O três ângulos centrais são iguais a 120º.

c)

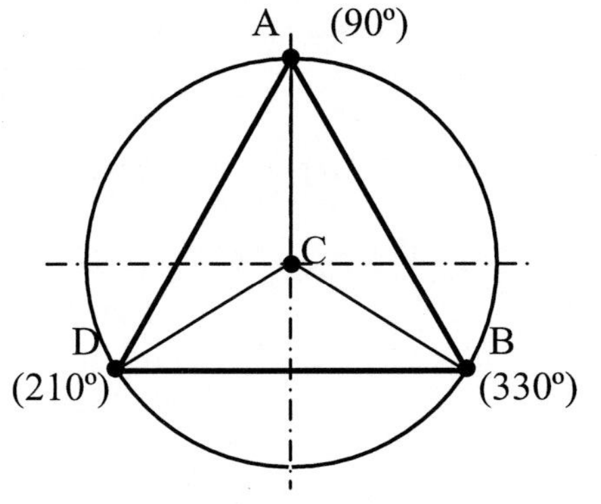

Unindo-se os três pontos ABC, dos ângulos trigonométricos, encontra-se um triângulo. No interior desse triângulo existem outros três triângulos: CAD, CAB e CBD. Esses triângulos são iguais, com dois lados iguais e um diferente: CA = CD = CB. Com essa conclusão, também se conclui que, o grande triângulo ABD é do tipo equilátero, pois seus três lados: AB, AD e BD são iguais.

Os triângulos ABC, ACD e BCD, são isósceles, com dois lados iguais ao raio de 2 cm e os seus ângulos são: 30º, 30º e 120º.

Esse triângulo ABD é chamado de inscrito, pois está dentro de uma circunferência.

Exercício 4.5.2) Sobre uma circunferência de raio 2 cm, pede-se: a) trace os ângulos trigonométricos de 60º, 120º, 180º, 240º, 300º e 360º, b) após traçar os ângulos trigonométricos, estude os valores dos ângulos centrais e c) qual figura geométrica surge, quando são traçadas retas unindo os pontos dos ângulos trigonométricos, dois a dois? (Os ângulos podem ser traçados com o par de esquadros ou com o transferidor).

a)

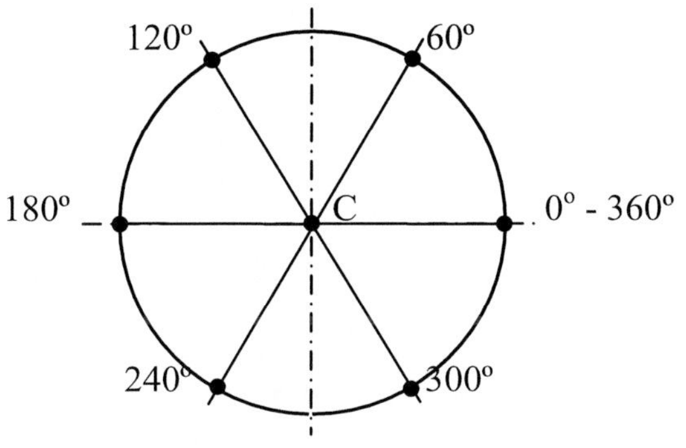

Os ângulos centrais são iguais a 60º, pois 360º/6 = 60º.

b e c)

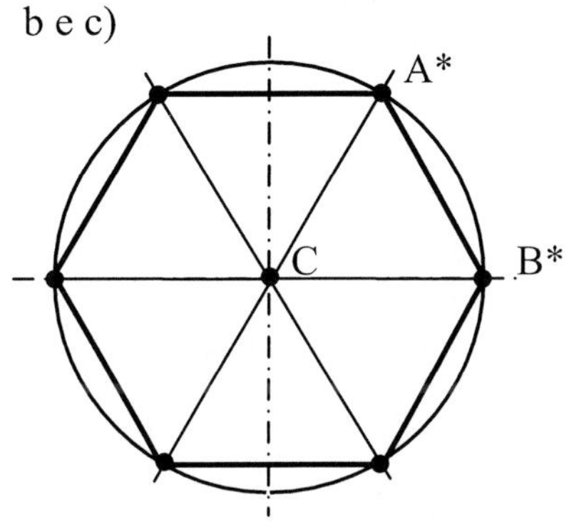

Todos os ângulos centrais são iguais a 60º. Obtém-se um hexágono regular inscrito.

*No triângulo ABC, que é exatamente igual aos outros cinco, observa-se que os lados AC e BC são iguais ao raio da circunferência. Isso significa que, além do ângulo central de 60º, os outros dois ângulos também são iguais a 60º. Desta forma, os seis triângulos são equiláteros e o lado do hexágono inscrito é igual ao raio da circunferência.

4.6 Uma construção geométrica usando círculos e seus arcos, gerando uma Arte Geométrica

Observa-se a figura a seguir, que foi apresentada logo no início do capítulo. Lembra-se que, círculo é a área interna de uma circunferência.

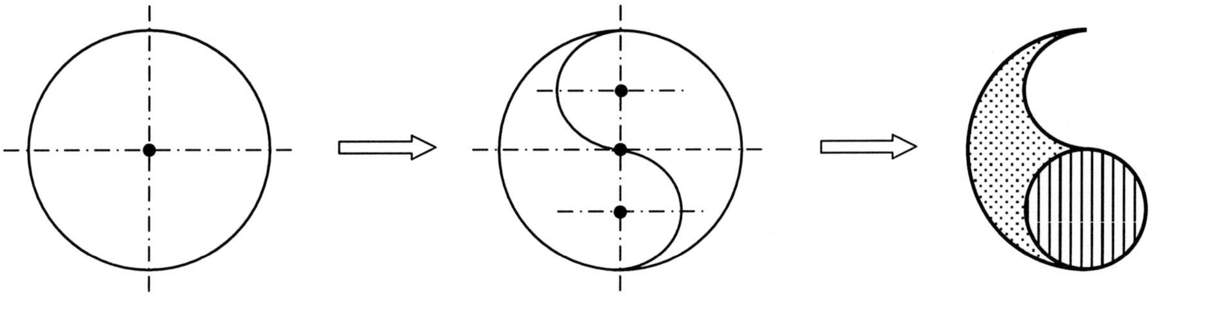

A partir de um círculo, desenham-se dois arcos de circunferência, um para cada lado e na sequência, apagando-se algumas partes, obtém-se uma imagem ou construção geométrica, que pode ser usada como elemento da chamada "Arte Geométrica".

4.7 Exercícios resolvidos

4.7.1) A figura a seguir mostra uma caixa, sem tampa, com 4 cm de largura e 4 cm de altura. As circunferências, de cilindros estão encostadas entre si e nas paredes. Pergunta-se; a) Qual a distância entre os centros das circunferências? b) Qual figura geométrica é formada, quando os centros das circunferências são unidos, dois a dois?

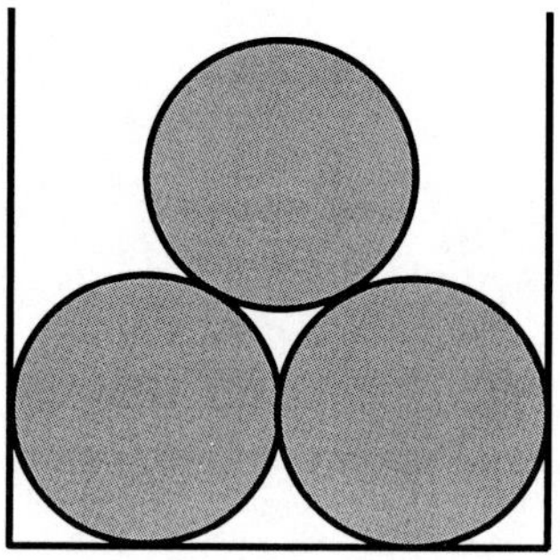

Raciocínio lógico geométrico:

1º Traço os eixos de simetria horizontal e vertical de cada circunferência; 2º uno os centros das circunferências, dois a dois; 3º analiso as distâncias entre centros e 4º com as distâncias deduzo a figura geométrica formada.

Observa-se que as circunferências são tangentes externas, entre si.

Figura dada 1º 2º

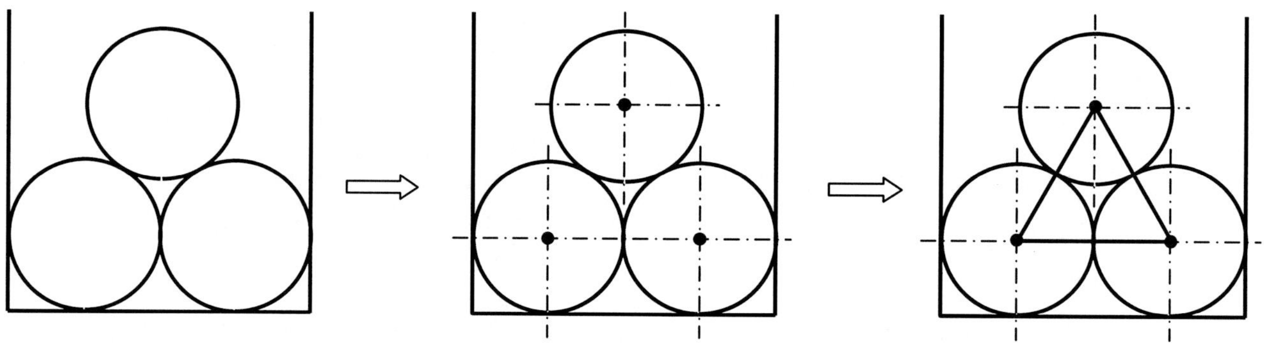

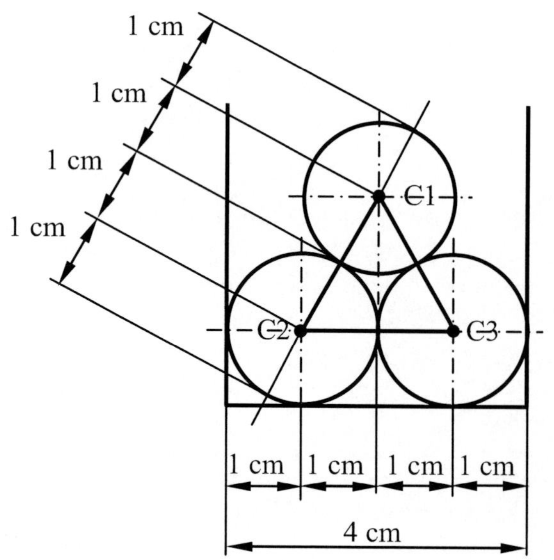

3º As distâncias entre os centros são iguais a dois centímetros, pois cada raio mede1 centímetro.

4º A figura geométrica é um triângulo equilátero, uma vez que as distâncias entre os centros: C1C2, C1C3 e C2C3 são iguais a 2 cm.

4.7.2) A figura a seguir representa um ângulo de 30º, com os lados horizontal VA e inclinado VB, medindo 6 cm. Desenhe uma circunferência de diâmetro 2 cm, interior ao ângulo e que fique tangente aos dois lados do ângulo.

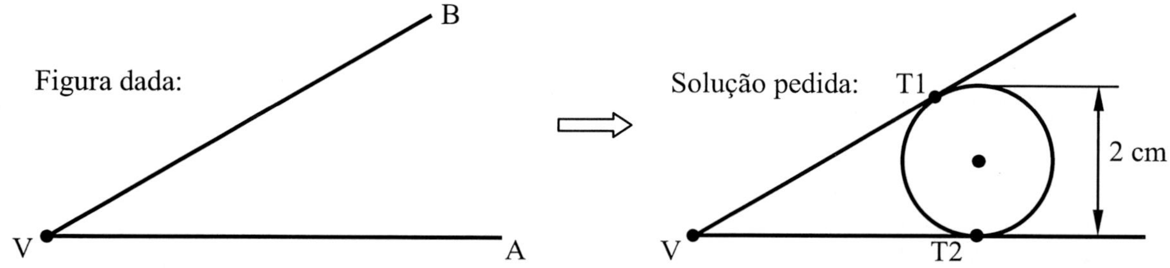

Raciocínio lógico básico: determinação dos pontos de tangência T1 e T2, lembrando que as retas perpendiculares aos lados do ângulo, passando pelos pontos de tangência, passam pelo centro da circunferência..

Raciocínio lógico geométrico detalhado: 1º traço retas paralelas a cada um dos lados, distanciadas de 1 cm de cada lado (o raio da circunferência é igual a 1 cm); 2º onde essas paralelas se interceptam é o centro da circunferência; 3º traço perpendiculares a cada lado, passando pelo centro da circunferência, determinando os pontos de tangência e 4º traço a circunferência de raio 1 cm (diâmetro 2 cm), que passa exatamente pelos dois pontos de tangência.

1º e 2º) Retas paralelas a cada lado, com distanciamento, de 1 cm determinando o centro da circunferência.

3º Perpendiculares a cada lado, passando pelo centro da circunferência, definindo os pontos de tangência T1 e T2.

:

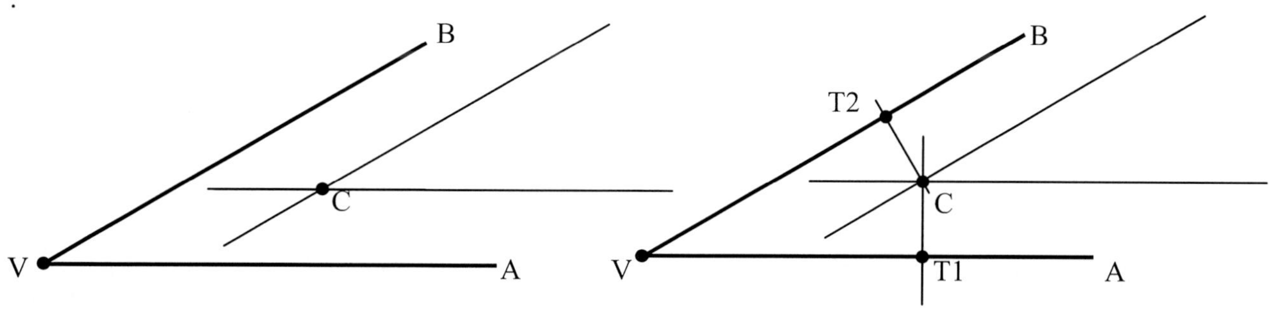

4º) Solução final:

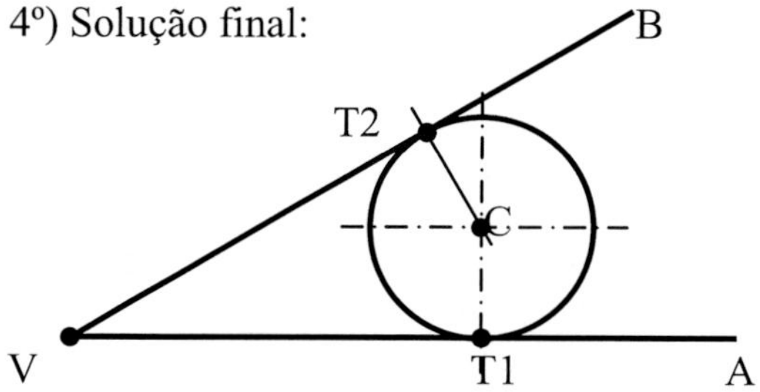

Observação:

A bissetriz do ângulo passa pelo centro da circunferência.

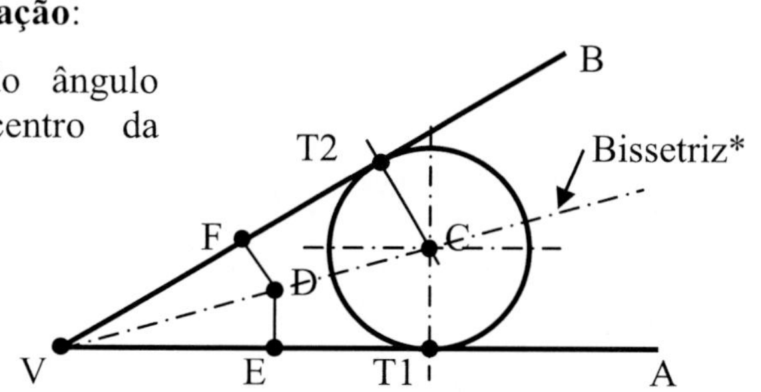

*Bissetriz é o lugar geométrico dos pontos equidistantes aos lados de um ângulo ($\overline{DE} = \overline{DF}$). ← Símbolo de segmento.

4.8 O número π (pi)

π (pi) = 3,1416, é um número irracional, ou seja, não pode ser expresso na forma de fração, é decimal e suas casas decimais são infinitas e não seguem um padrão como o das dízimas periódicas. Por exemplo, π pode ser expresso como: 3,14159265358979323846. Sabe-se que em cálculos super especiais, o seu valor pode ser usado até milhões de casas decimais, após a vírgula, como é o caso de trajetórias de naves espaciais lançadas

em direção a outros planetas. Originalmente o número π foi obtido como resultado da divisão do perímetro de uma circunferência pelo seu diâmetro. Quem primeiro calculou o valor de π? Quando?
Diversas fontes da área da "História da Matemática", citam que foi Arquimedes (287 a.C – 212 a.C), por volta de 250 anos, antes de Jesus Cristo, quem obteve uma boa aproximação de π, calculando o perímetro de dois hexágonos, um inscrito e um circunscrito, numa circunferência. Cita-se que, ao longo do tempo, diversos outros matemáticos foram aumentando o número dos lados dos polígonos, chegando cada vez mais longe, mas sempre confirmando o valor inicial π = 3,14.
Em grego, a palavra perímetro começa com a letra π e significa em português: "linha que faz o contorno". Como se mede o perímetro da circunferência de um cilindro? Basta passar, por exemplo, uma fita métrica ao longo da parte externa, dando uma volta completa. Quando se "estica" a fita métrica, a medida que surge é o perímetro daquela circunferência. Por exemplo, se ao fazer isso se achar um valor igual a 31,4 cm ou 314 mm, "descobre-se" que o valor do diâmetro da circunferência é igual a 10 cm ou 100 mm.
A seguir são mostradas três circunferências, com três diâmetros diferentes e, obviamente com três perímetros diferentes. (Ø é o símbolo para diâmetro)

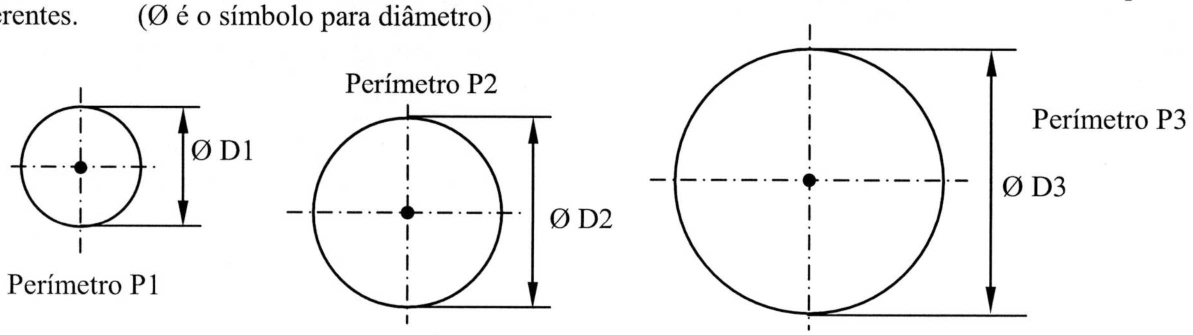

Quando dividimos cada perímetro por seu diâmetro, acha-se o valor 3,14, ou seja:

$\frac{\text{Perímetro P1}}{\text{Diâmetro D1}} = 3{,}14$. $\frac{\text{Perímetro P2}}{\text{Diâmetro D2}} = 3{,}14$. $\frac{\text{Perímetro P3}}{\text{Diâmetro D3}} = 3{,}14$.

Matematicamente em termos algébricos: P1/D1 = P2/D2 = P3/D3 = 3,14. Qual o valor do diâmetro de uma circunferência, cujo perímetro é igual a 31,4 cm?

$\frac{\text{Perímetro}}{\text{Diâmetro}} = 3{,}14 \Rightarrow \frac{31{,}4\text{ cm}}{\text{Diâmetro}} = 3{,}14$ ou 31,4 cm = (3,14) x (Diâmetro).

Qual número que ao multiplicar 3,14 resulta em 31,4 cm?
É o número 10, pois: 10 x 3,14 = 31,4, ou seja: o diâmetro é igual a 10 cm.

Em termos algébricos: $\frac{P}{D} = 3{,}14 \Rightarrow P = 3{,}14 \times D$ ou também: $D = \frac{P}{3{,}14}$.
*P = 2πR ou P = πD são as fórmulas do perímetro.

No parágrafo 4.4 foi visto que, uma volta completa na circunferência, ou seja, seu perímetro é igual a 2π radianos. Dessa forma o perímetro de uma circunferência pode ser escrito como: ***P = 2πR**, onde R é o raio da circunferência.

Planificação de cilindros circulares

Cilindros circulares são superfícies tridimensionais, obtidas a partir de uma circunferência, como por exemplo, uma lata de leite em pó ou um pedaço de um tubo ou até uma lata de lixo em chapa de aço.

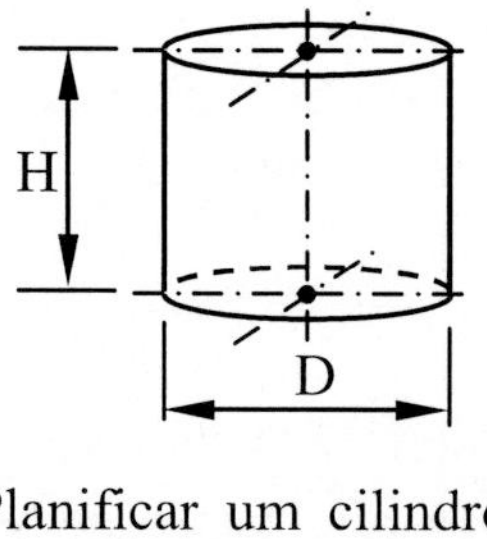

Um cilindro circular pode ser obtido ou construído a partir de uma folha ou chapa metálica. Como? Quando anteriormente se concluiu que o perímetro de uma circunferência é igual ao produto de π pelo diâmetro ou P = 3,14 x D, resultando que D = P/3,14, pode-se determinar o perímetro a partir do diâmetro ou calcular o diâmetro para um determinado perímetro. Um cilindro circular tem duas medidas características: o diâmetro D e a altura H.

Planificar um cilindro circular significa transformar o corpo cilíndrico em uma folha ou chapa em um retângulo de dimensões H x P ou H x (3,14 x D). Retificar uma circunferência significa tornar reto ou uma linha o seu perímetro, a partir do seu diâmetro.

Considerando o cilindro acima com altura de 10 cm e diâmetro de 3 cm, quais serão as dimensões do retângulo, quando for feita a planificação do cilindro?

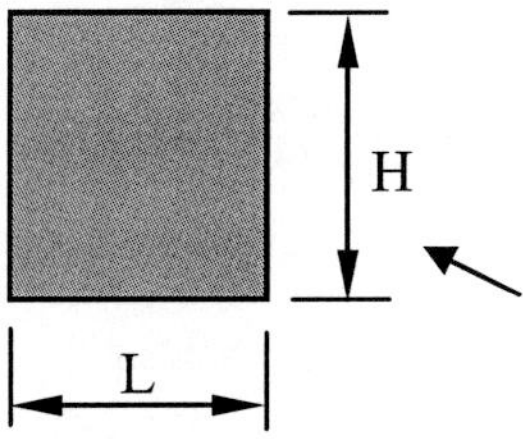

A altura H, de 10 cm, não muda e a largura L da chapa é equivalente ao perímetro P da circunferência, que é: P = 3,14 x D, ou seja: L = 3,14 x D. Portanto: L = 3,14 x 3 cm = 9,4248 cm ou L = 9,42 cm.

Estas são as dimensões do cilindro planificado, onde: H = 10 cm e L = 9,42 cm.

Exercício 4.8.1) Sabendo que existe uma folha de alumínio retangular medindo 12 cm por 6 cm, quais as dimensões dos dois cilindros circulares que podem ser obtidos, dobrando-se a folha, segundo uma circunferência? Primeiro é importante entender que a folha retangular pode ser dobrada de duas formas diferentes, gerando dois cilindros diferentes.

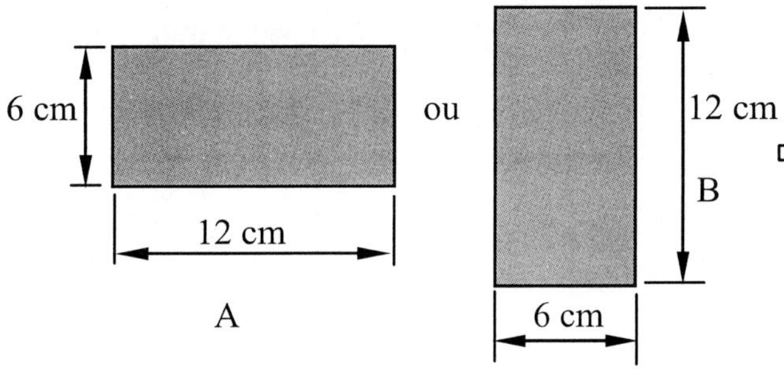

Dependendo da dobra tem-se dois cilindros diferentes C ou D:

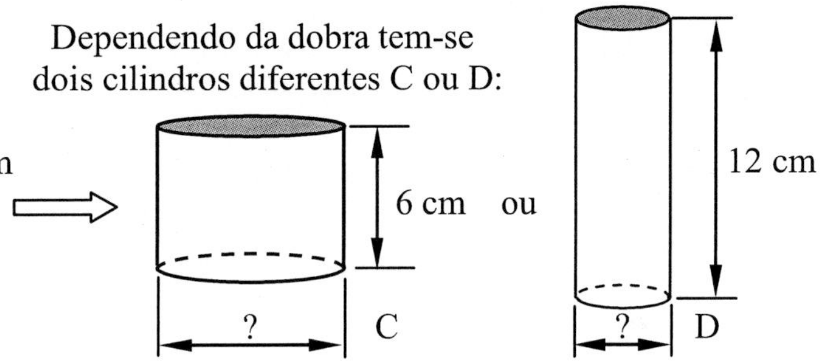

1ª Posição: folha A.

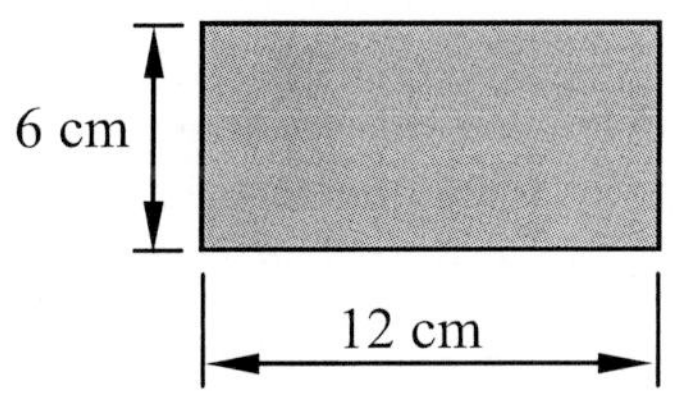

Cálculo do diâmetro:

D = L/3,14, ou seja:

D = 12 cm/3,14 = 3,82 cm.

Cilindro C.

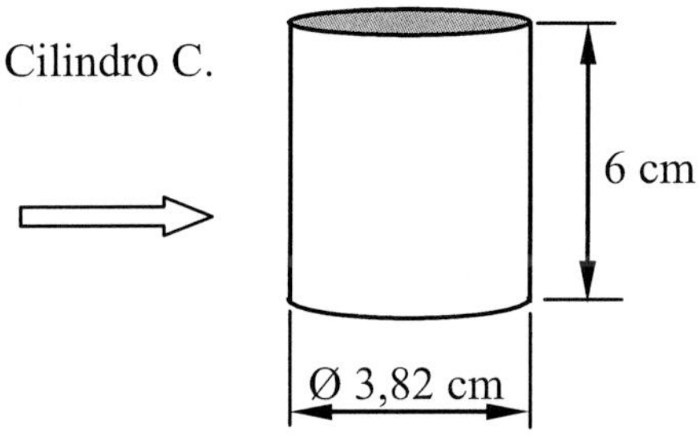

2ª Posição: folha B.

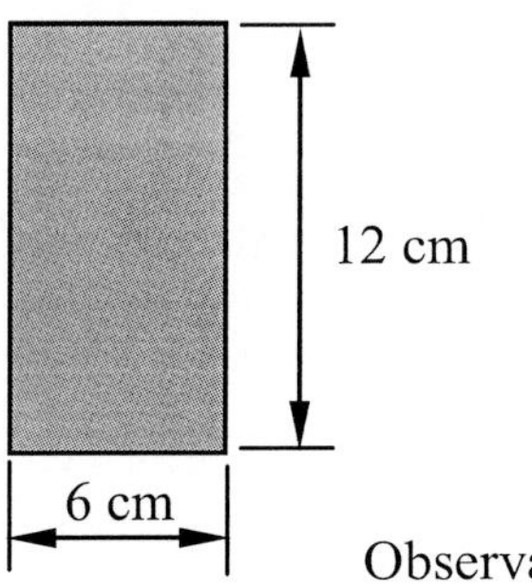

Cálculo do diâmetro:

D = L/3,14, ou seja:

D = 6 cm/3,14 = 1,91 cm.

Cilindro D.

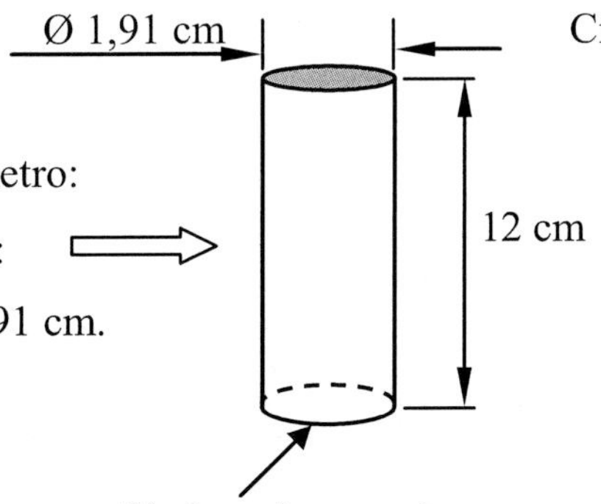

Observa-se que, embora os dois cilindros usem a mesma folha, o cilindro C tem um volume bem maior do que o D.

Observa-se que, para desenhar o cilindro, de maneira que pareça ter volume, as bases e topo circulares, aparecem como elipses.
Existem duas formas de se desenhar essas elipses: 1) usando um "gabarito" ou 2) fazendo o traçado segundo o método descrito no parágrafo 4.10.

O gabarito de elipses é uma pequena placa retangular de plástico onde no seu interior existem vários furos nos formatos elípticos, das mais variadas dimensões. Basta posicionar o furo com a elipse desejada e circundar com o lápis. Também existem gabaritos para furos circulares.

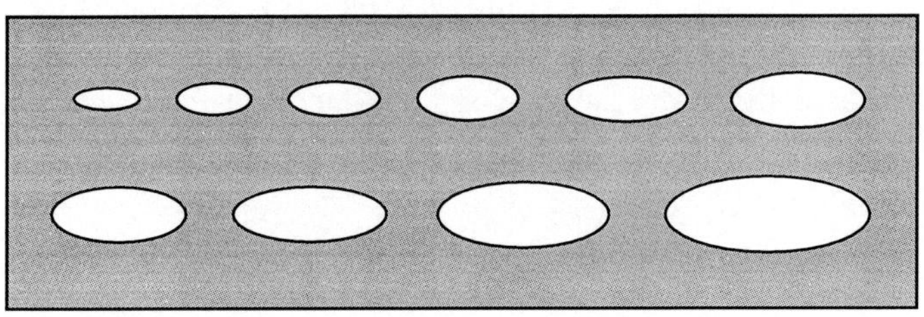

Gabarito para desenhar elipses.

4.9 Exercícios complementares resolvidos

4.9.1) Utilizando o par de esquadros, e o compasso, desenhe um quadrado de lado igual a 2 cm. Trace uma circunferência com centro no encontro das diagonais do quadrado e que passe pelos quatros vértices do quadrado. Trace uma nova circunferência interna ao quadrado, com o mesmo centro anterior, e que seja tangente aos quatros lados do quadrado. Qual o valor, em centímetros, do raio da nova circunferência?

Inicialmente marco um Segmento AB com 2 cm

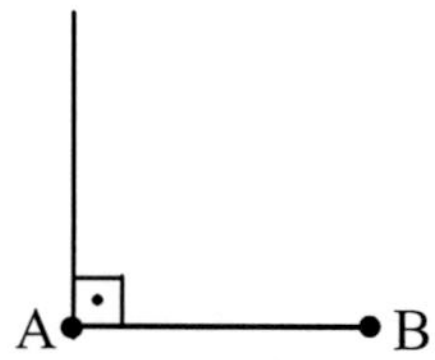

Pelo vértice A traço uma perpendicular

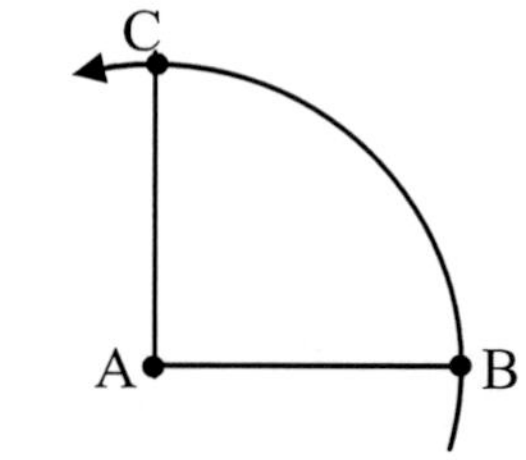

Com centro em A, traço arco AB, determinando vértice C, na perpendicular

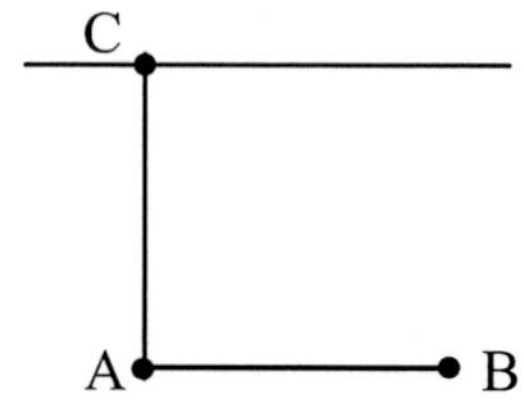

Por C, traço uma paralela ao segmento AB.

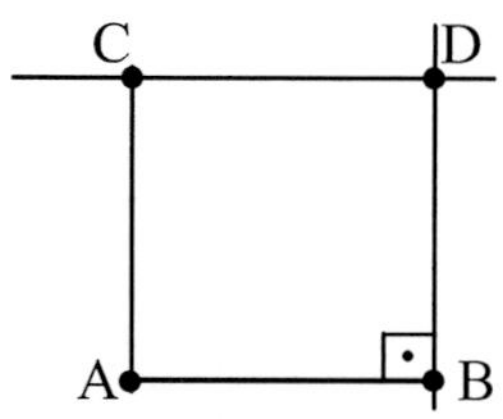

Pelo vértice B, traço uma perpendicular a AB, Determinando o vértice D, finalizando o quadrado

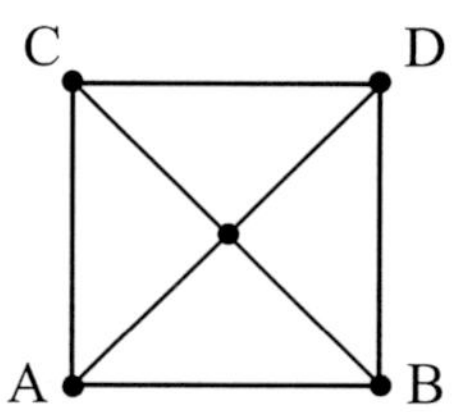

Traço as duas diagonais do quadrado, determinando o centro da circunferência (Essas diagonais são perpendiculares)

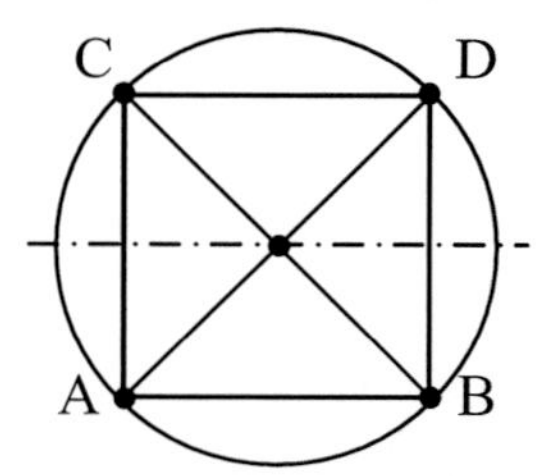

Traço os dois eixos de simetria e traço a circunferência, que passa pelos quatro vértices

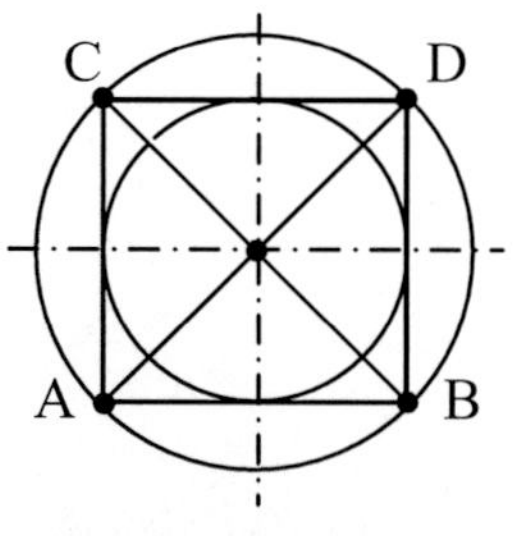

Traço a circunferência interna tangente aos lados do quadrado

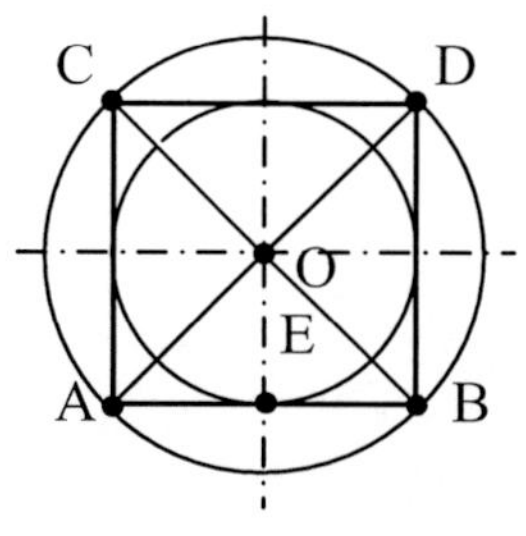

Detalho a figura para fazer os cálculos

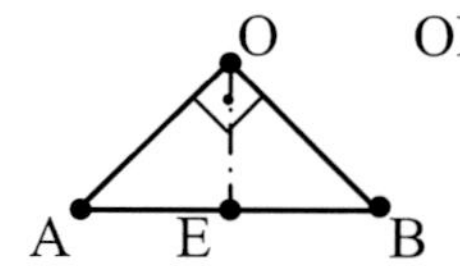

OE é o raio da nova circunferência.

O triângulo OAB é retângulo e isósceles, assim como os triângulos OAE e OEB. AB = 2 cm. AE = EB = OE = 1 cm. Ou seja: o raio da nova circunferência é igual a 1 cm.

4.9.2) Sobre uma circunferência de raio 2 cm, pede-se: a) usando o par de esquadros, trace os ângulos trigonométricos de 60º, 120º, 180º, 240º, 300º e 360º; b) qual figura geométrica surge, quando são traçadas retas unindo os pontos dos ângulos trigonométricos, dois a dois? e c) a partir da figura traçada (que é um polígono inscrito a uma circunferência), desenhe outras dois (2) semelhantes, de forma que seus lados sejam paralelos à figura traçada e que cada lado, sucessivamente, esteja a uma distância de meio centímetro (0,5 cm) da figura anterior. Ou seja, ao final serão sete figuras ou polígonos paralelos e com lados crescentes de dentro para fora.

1º Passo:

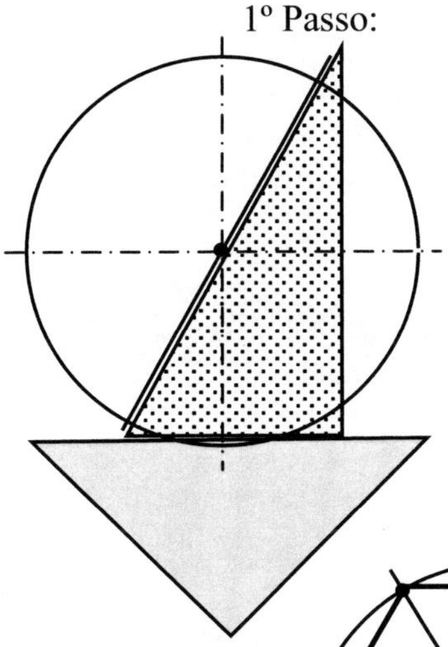

2º Passo:

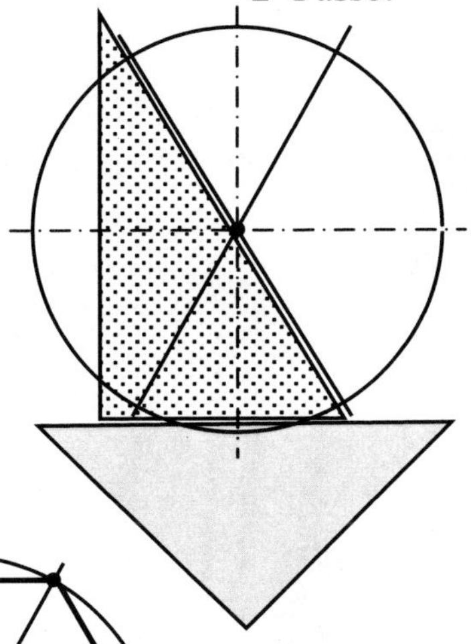

3º Passo:

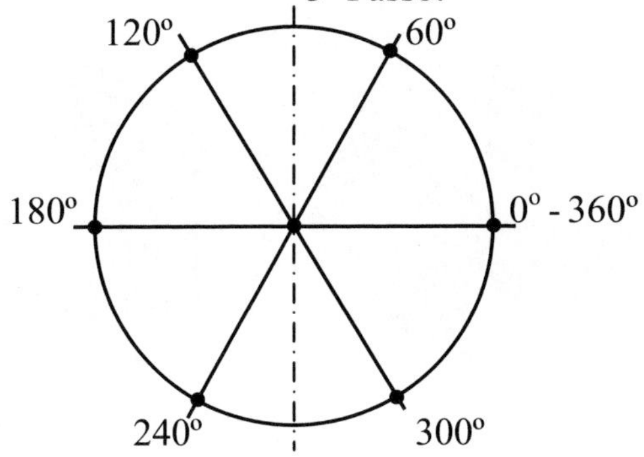

4º Passo:

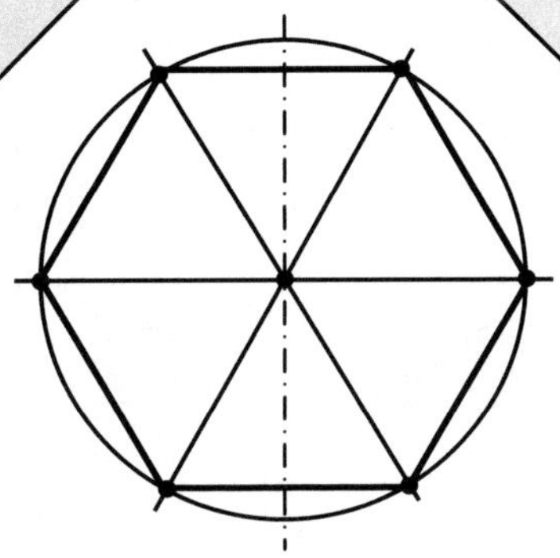

Unindo os vértices, dois a dois, obtém-se um hexágono regular inscrito.

5º Passo:

Para traçar polígonos internos, semelhantes e afastados de 0,5 cm do original, basta marcar 0,5 cm, para baixo, no lado horizontal superior e traçar uma paralela.

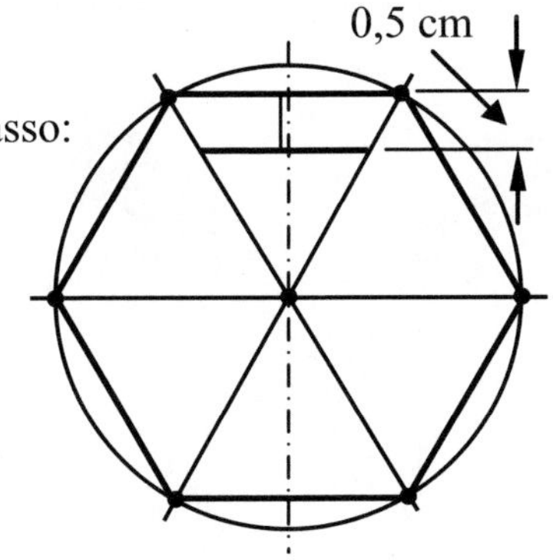

Na sequência, traçam-se paralelas, para dentro, a cada lado.

6º Passo:

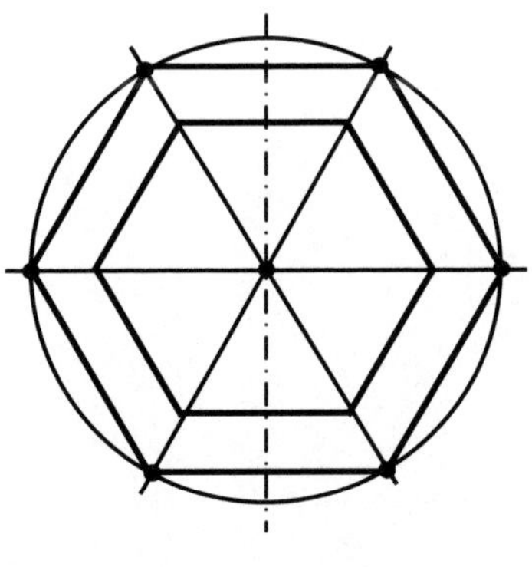

7º Passo:

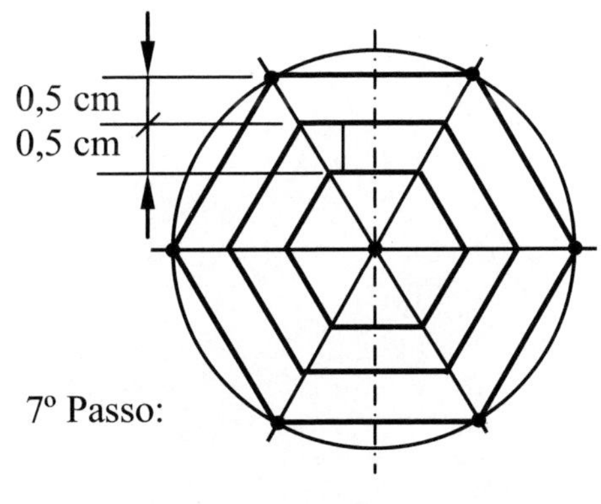

Polígonos inscritos finalizados

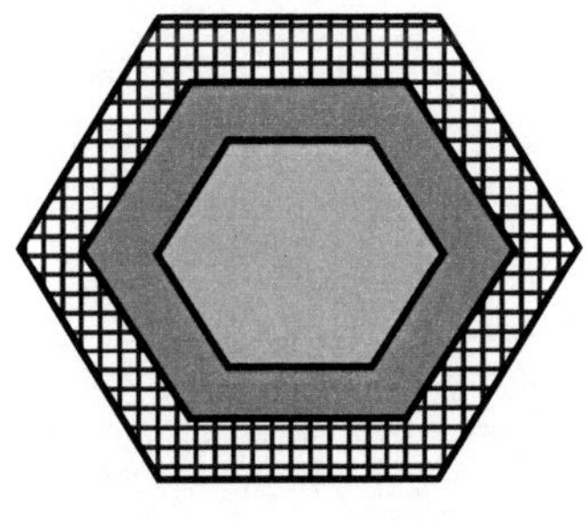

Os polígonos inscritos finalizados podem ser coloridos, formando uma obra de Arte Geométrica.

4.10 Exercícios propostos

4.10.1) Sobre uma circunferência de raio 2,5 cm, pede-se: a) trace os ângulos trigonométricos de 0º, 90º, 180º, 270º, b) após traçar os ângulos trigonométricos, estude os valores dos ângulos centrais, c) qual figura geométrica surge, quando são traçadas retas unindo os pontos dos ângulos trigonométricos, dois a dois? d) Determine o valor do lado da figura gerada. (Os ângulos podem ser traçados com o par de esquadros ou com o transferidor).

4.10.2) Usando o par de esquadros, trace um ângulo de 45º, com o vértice à direita e com lados iguais a 8 cm voltados para a esquerda. Desenhe a circunferência interna ao ângulo, com diâmetro de 2,5 cm e que seja tangente aos lados do ângulo.

4.11 A Arte Geométrica com círculos e elipses

Com o desenho de círculos, arcos e elipses é possível a criação de belas imagens, constituindo-se em verdadeiras obras de Arte Geométrica. As imagens a seguir mostram alguns exemplos coloridos.

Estas quatro imagens usam as cores preta e amarela, que são as de maior contraste, as cores básicas e as cores do que se chama “olho grego”.

Três imagens com as sete cores do arco-íris

Esta flor central tem as sete cores do arco-íris

Imagens com as três cores básicas

Capítulo 5

Os polígonos: inscritos, circunscritos e estrelados. Poliedros e polígonos. Arte Geométrica com polígonos

Polígonos são figuras geométricas ou linhas poligonais planas e fechadas, formadas por segmentos de reta, chamados lados. Quando um polígono possui todos os seus lados iguais e, consequentemente, todos os ângulos internos iguais, trata-se de um polígono regular. Também são classificados como inscritos ou circunscritos à circunferências, bem como os polígonos estrelados, oriundos dos polígonos regulares.
Os polígonos são classificados segundo o número de lados e utilizando prefixos de origem grega, como a seguir citados. Destaca-se que os termos a seguir, são os que têm significado e interesse na Geometria. Os demais devem ser citados conforme o número de lados, por exemplo, um polígono com 27 lados.

5.1 Classificação dos polígonos, quanto ao número de lados

Triângulo ou trilátero => três lados. (tri = três).
Quadrilátero => quatro lados. (quadri = quatro).
Pentágono => cinco lados. (penta = cinco).
Hexágono => seis lados. (hexa = seis).
Heptágono => sete lados. (hepta = sete).
Octógono => oito lados. (octo = oito).
Eneágono => nove lados. (enea = nove).
Decágono => 10 lados. (deca = 10).
Undecágono => 11 lados. (undeca = 11).

Dodecágono => 12 lados. (dodeca = 12).
Tridecágono => 13 lados. (trideca = 13).
Quadridecágono => 14 lados. (quadrideca = 14).
Pentadecágono => 15 lados. (pentadeca = 15).
Hexadecágono => 16 lados. (hexadeca = 16).
Heptadecágono => 17 lados. (heptadeca = 17).
Octodecágono => 19 lados. (octodeca = 18).
Eneadecágono => 12 lados. (eneadeca = 19).
Icoságono => 20 lados. (icosa = 20).

5.2 Classificação quanto à forma: polígonos côncavos ou convexos

Quando, num polígono, dois pontos quaisquer que estão dentro do polígono se unem tendo que passar pelo lado de fora do polígono, é chamado côncavo. Um polígono só será côncavo desde que ao menos dois pontos estejam dentro dessa norma. Observa-se que a palavra côncavo também pode ser interpretada como algo que tenha uma cavidade ou reentrância. Como consequência, polígono convexo é aquele onde nenhum segmento de reta conectando dois pontos de seu perímetro passa por fora do polígono. Os pentágonos a seguir mostram uma forma prática de saber se um polígono é côncavo ou convexo.

Aqui observa-se um segmento secante, passando por fora do polígono.

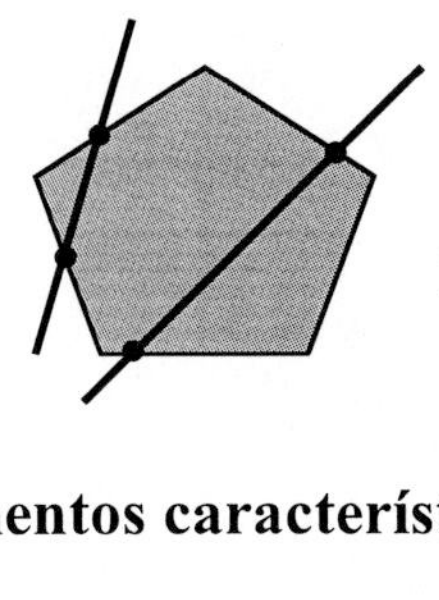

Pentágono regular convexo

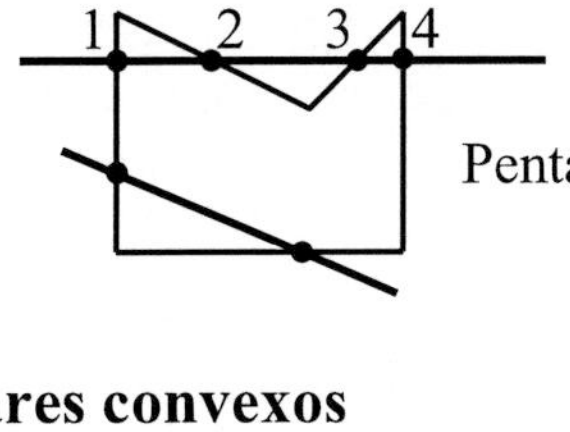

Pentágono irregular côncavo

5.3 Elementos característicos dos polígonos regulares convexos

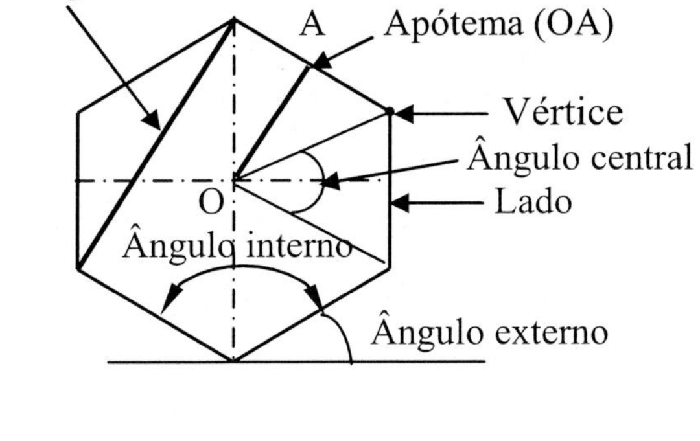

Lados: são os segmentos de reta que determinam o polígono.

Vértices: são os pontos de encontro entre dois lados.

Diagonais: segmentos de reta que ligam dois vértices não consecutivos de um polígono.

Ângulos internos: são os ângulos formados, no interior do polígono, por dois segmentos de reta adjacentes.

Ângulos externos: São os ângulos formados, no exterior de um polígono, pelo prolongamento de um lado e o lado adjacente a ele.

Ângulo central: é o ângulo de vértice no centro e lados que passam por dois vértices consecutivos.

Apótema de um polígono é o segmento de reta (OA) que parte do centro (O) da figura, formando com o lado um ângulo de 90º, ou seja, o apótema é perpendicular ao lado do polígono.

5.4 Propriedades básicas dos polígonos convexos

1ª – Em um polígono convexo, o número de lados é sempre igual ao número de ângulos internos e vértices.

2ª – A soma dos ângulos internos de um polígono convexo é dada pela seguinte fórmula:

$S = (n - 2)180^\circ$. Onde S é a soma dos ângulos internos e "n" é o número de lados do polígono.

3ª – Todo polígono apresenta a soma de seus ângulos externos igual a 360º.

4ª – O número de diagonais que um polígono convexo possui é dado pela seguinte fórmula:

$d = \frac{n(n-3)}{2}$. Onde "d" é o número de diagonais e "n" é o número de lados do polígono.

Na fórmula, "n – 3" determina o número de diagonais que partem de um único vértice e a divisão por dois elimina a duplicidade de diagonais ocorridas em um polígono.

5.5 Ângulo central

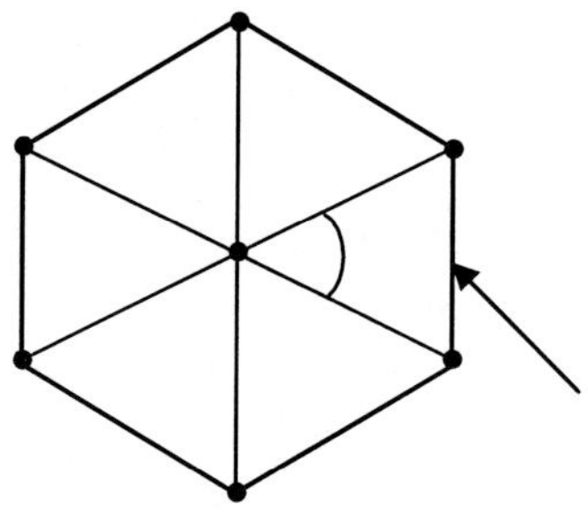

O ângulo central α de um polígono regular é dado pela fórmula: $\alpha = \frac{360^\circ}{N}$, onde N é o número de lados do polígono.

Dessa forma, o ângulo central α do hexágono regular à esquerda é:

$\alpha = \frac{360^\circ}{6} = 60^\circ$. Utilizando o conceito do ângulo central é possível a construção de qualquer tipo de polígono regular, inscrito ou circunscrito.

5.6 Polígonos inscritos e circunscritos

Ao se traçar uma circunferência, é possível obter um polígono inscrito, ou seja, dentro da circunferência, de forma que cada, e todos, os vértices, estão em pontos da linha da circunferência. Já um polígono circunscrito tem cada, e todos, os lados, tangentes a pontos da circunferência.

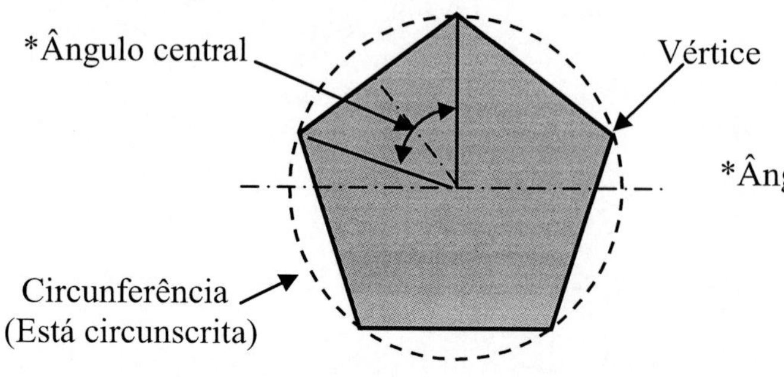

Um pentágono regular, convexo e inscrito

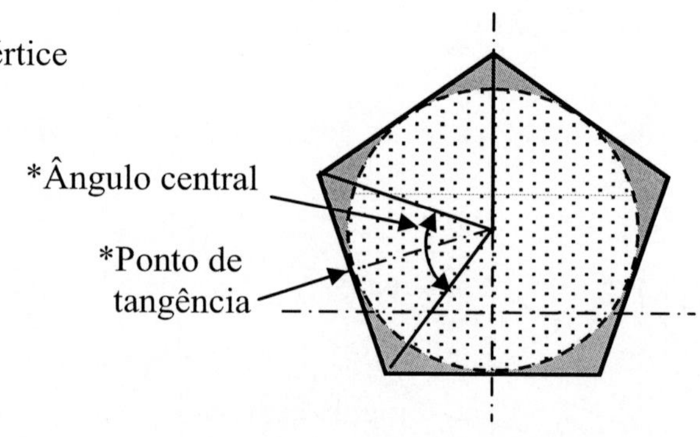

Um pentágono regular, convexo circunscrito

* O apótema é parte da bissetriz do ângulo central, e passa pelo ponto de tangência, no polígono circunscrito.

5.7 Polígonos estrelados

Os polígonos estrelados são obtidos a partir de polígonos inscritos (ou circunscritos), traçando-se todas as diagonais. A sequência é a seguinte: 1 - Constrói-se o polígono inscrito, a partir da definição do diâmetro da circunferência; 2 - A partir de cada vértice, traçam-se todas as diagonais; 3 - Eliminando (apagando) as linhas da circunferência e dos lados, obtém-se uma estrela e 4 - Apaga-se o polígono semelhante que surge no centro da estrela e fica-se com o polígono estrelado, ou seja, apenas uma estrela. Com polígonos estrelados é possível a concepção de belas obras de Arte Geométrica.

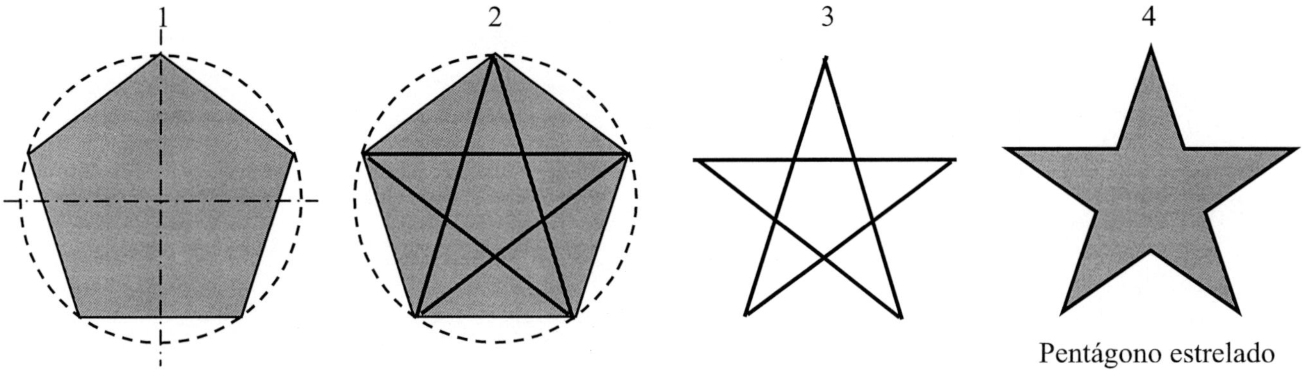

Pentágono estrelado

Sequência para obtenção de um pentágono estrelado, a partir de um pentágono, convexo, regular e inscrito.

5.8 Desenhos de pentágono, heptágono e decágono, utilizando o par de esquadros e o compasso, quando se conhece o diâmetro da circunferência que circunscreve o polígono

O método a seguir descrito, permite o desenho dos três polígonos, obtendo-se o valor dos lados de cada um dos polígonos, de forma seqüencial.

Problema: desenhar um pentágono regular inscrito à circunferência de diâmetro 6 cm.

1º Passo: localizo o centro da circunferência e traço os eixos de simetria horizontal e vertical:

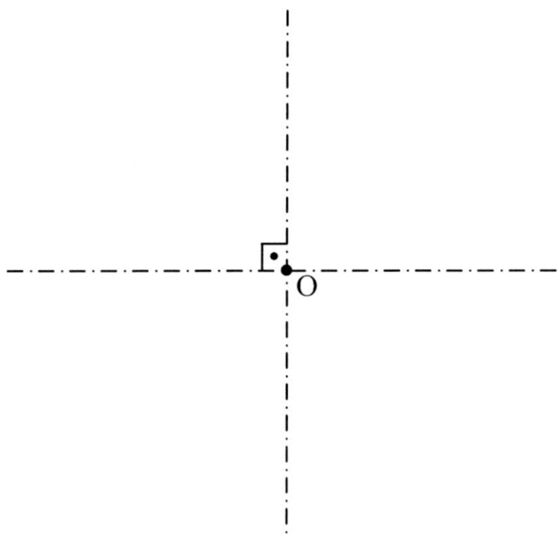

Lembra-se que os eixos de simetria são perpendiculares, sendo traçados com o par de esquadros, como já visto.

2º Passo: traço a circunferência, abrindo o compasso com 3 cm, pois o diâmetro é 6 cm:

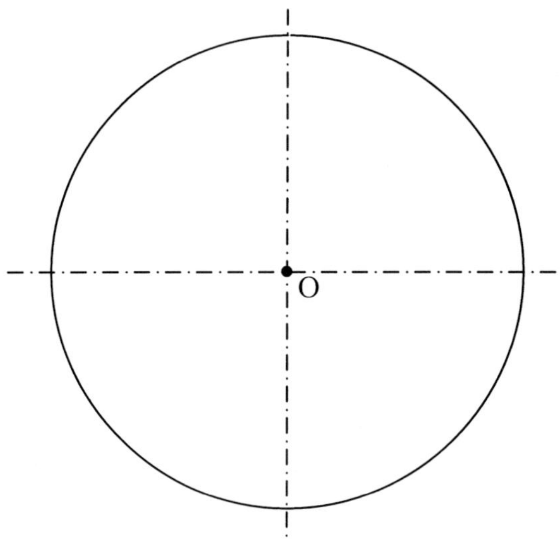

3º Passo: traço a mediatriz do semieixo direito e horizontal, OA, da circunferência, determinando os pontos B, M e C.

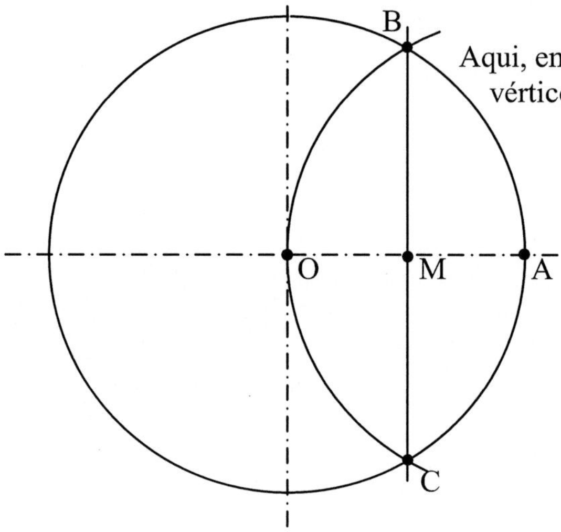

4º Passo: com centro em M e raio MD, traço um arco para baixo e para a direita, determinando o ponto E, no semieixo à esquerda. A distância DE é equivalente ao lado do pentágono.

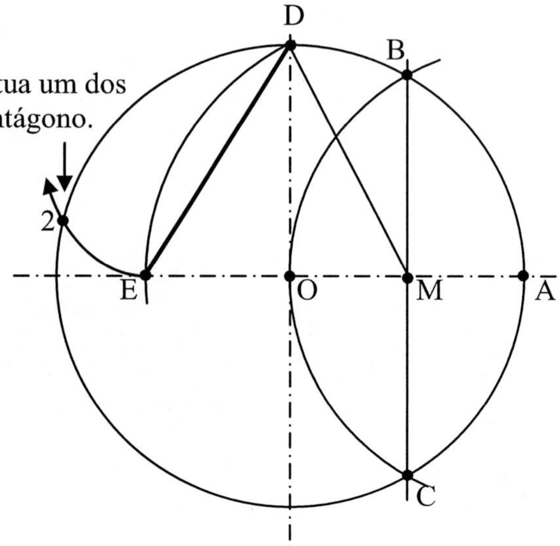

5º Passo: usando a medida DE, traço o pentágono, inscrito à circunferência de diâmetro 6 cm. Observa-se que

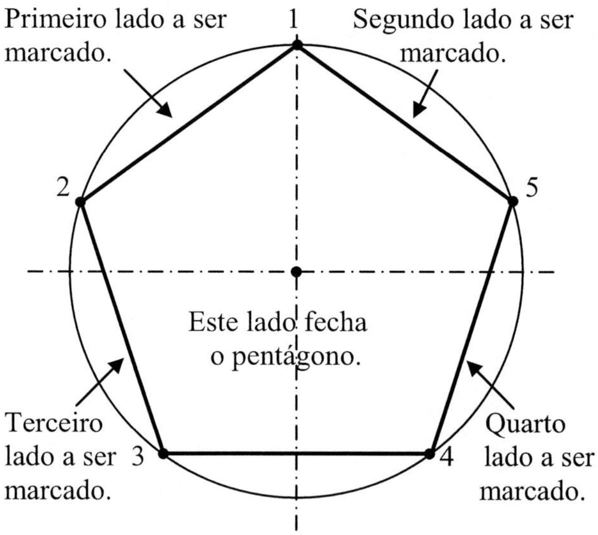

*Observações sobre heptágono e decágono.

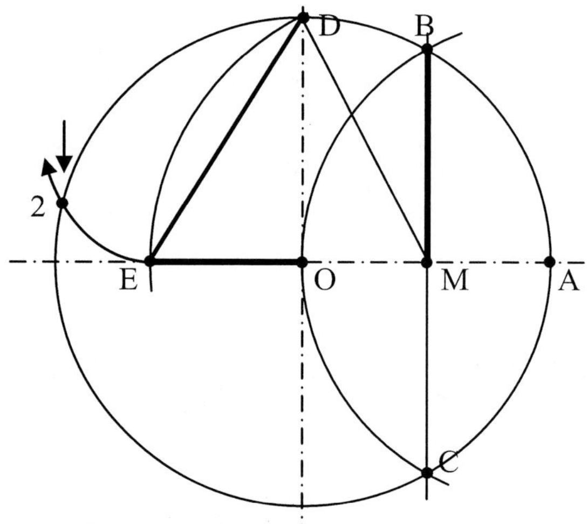

*O segmento BM é equivalente ao lado do heptágono.
*O segmento EO é equivalente ao lado do decágono.

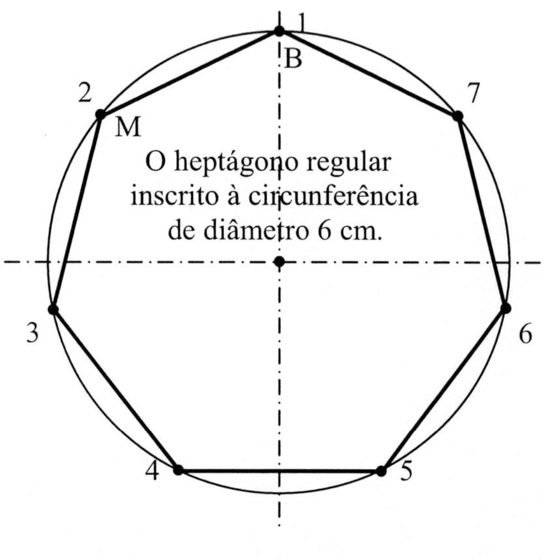

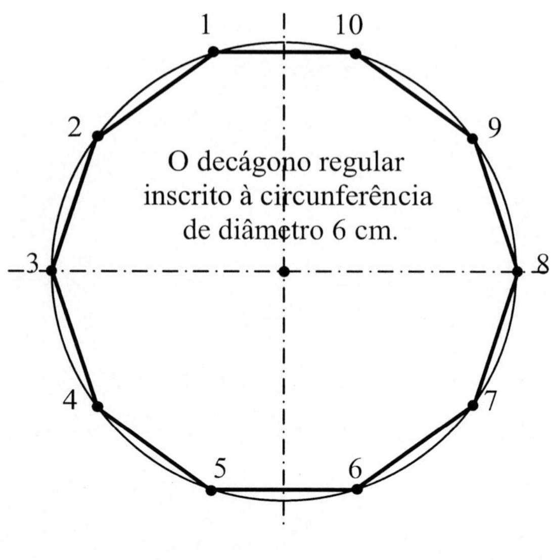

5.8.1 O Pentágono estrelado

Polígonos estrelados são obtidos, traçando-se as diagonais de cada vértice. Lembra-se que uma diagonal é o segmento de reta que liga dois vértices não consecutivos. A seguir é mostrado como, a partir do desenho de um pentágono regular inscrito se chega a uma linda estrela de cinco pontas. Todo e qualquer polígono, com número de lados igual ou maior que cinco, permite o desenho de belas estrelas, podendo serem utilizadas em Obras de Artes Geométricas.

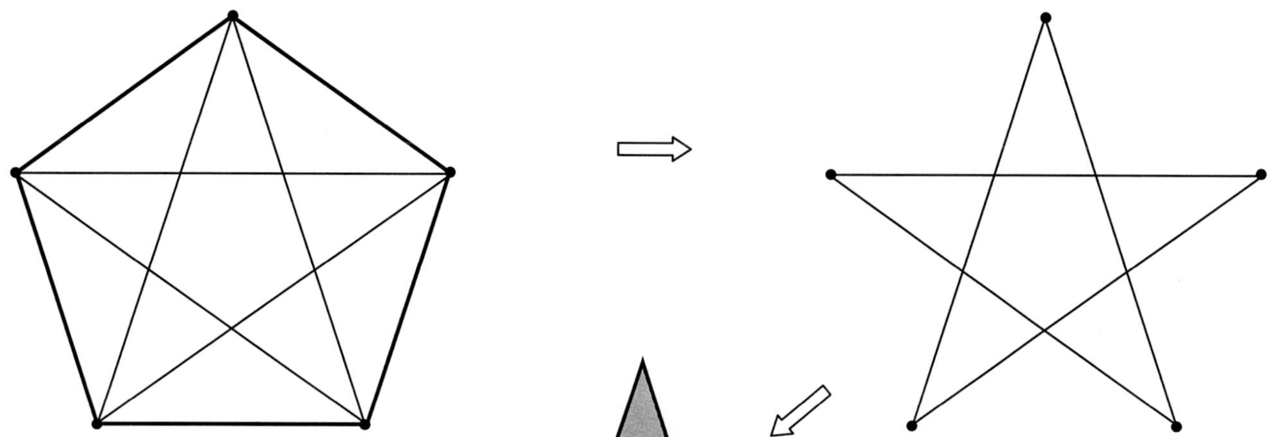

Observa-se que o pentágono estrelado é formado por cinco triângulos isósceles e um pentágono menor no centro e na posição invertida.

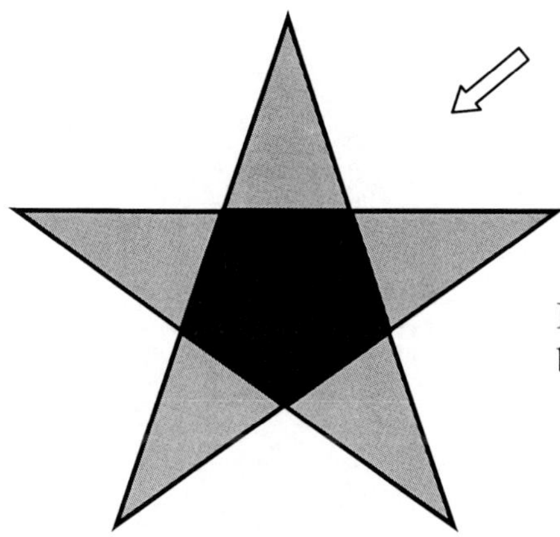

Polígonos estrelados permitem belas obras de Artes Geométricas.

Curiosidade

Um pentagrama é uma estrela composta por cinco retas e que possui cinco pontas. Pesquisas arqueológicas indicam que, a estrela de cinco pontas foi encontrada em fragmentos de cerâmica de mais de 4 mil anos. O pentagrama é conhecido também como o símbolo do infinito, pois é possível fazer outro pentagrama menor dentro do pentagrama maior, e assim sucessivamente. Algumas entidades filosóficas vêem a figura do pentagrama como uma coisa sagrada.

5.8.2 Um pentágono circunscrito

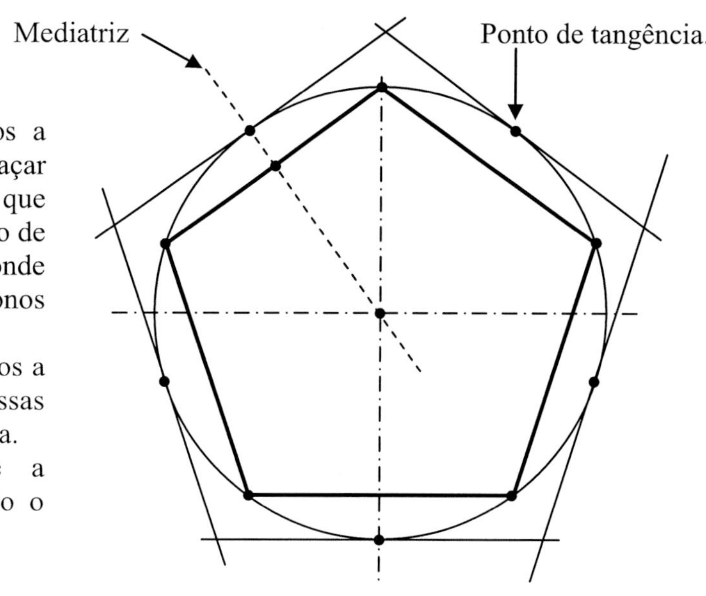

Polígonos circunscritos podem ser desenhados a partir de polígonos inscritos, bastando traçar paralelas aos lados e tangentes à circunferência que deu origem ao polígono inscrito. A circunscrição de polígonos também é uma forma de homotetia, onde podem ser desenhados diversos polígonos semelhantes.

Os pontos de tangências podem ser determinados a partir das mediatrizes de cada lado, sendo que essas mediatrizes passam pelo centro da circunferência.

Ao traçar as sete mediatrizes, divide-se a circunferência em 14 partes iguais, permitindo o desenho de um quadridecágono regular.

A partir de um pentágono circunscrito, criam-se outros semelhantes, permitindo "brincar" com a Arte.

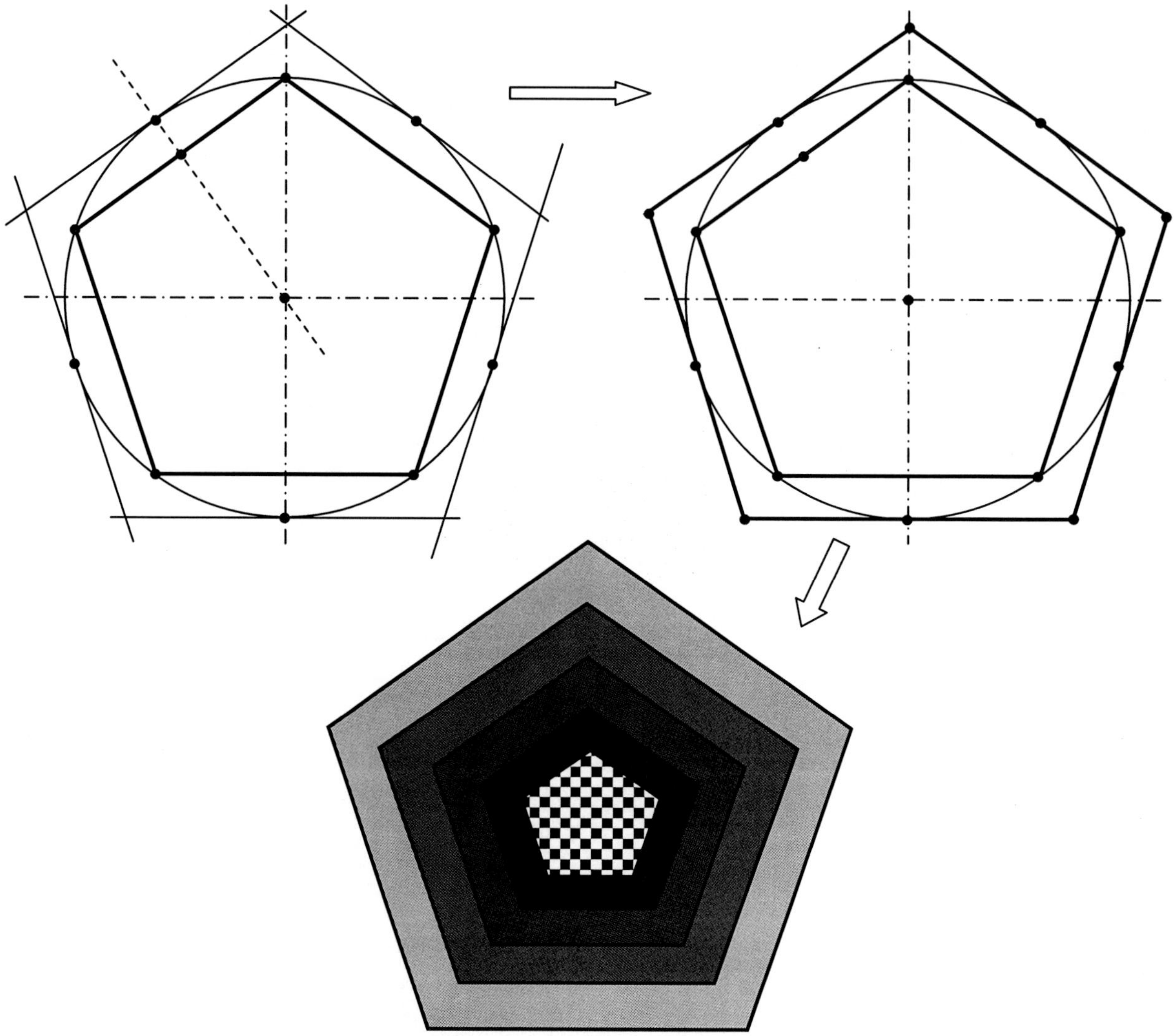

5.9 Hexágono regular inscrito e estrelado

Como já estudado no volume 1 do livro "Desenho Geométrico e Geometria I", capítulo 4, parágrafo 4.10, o lado de um hexágono regular inscrito é igual ao raio da circunferência que o inscreve.
Os desenhos a seguir mostram hexágonos inscritos e estrelados, a partir de uma circunferência de raio 2 cm.

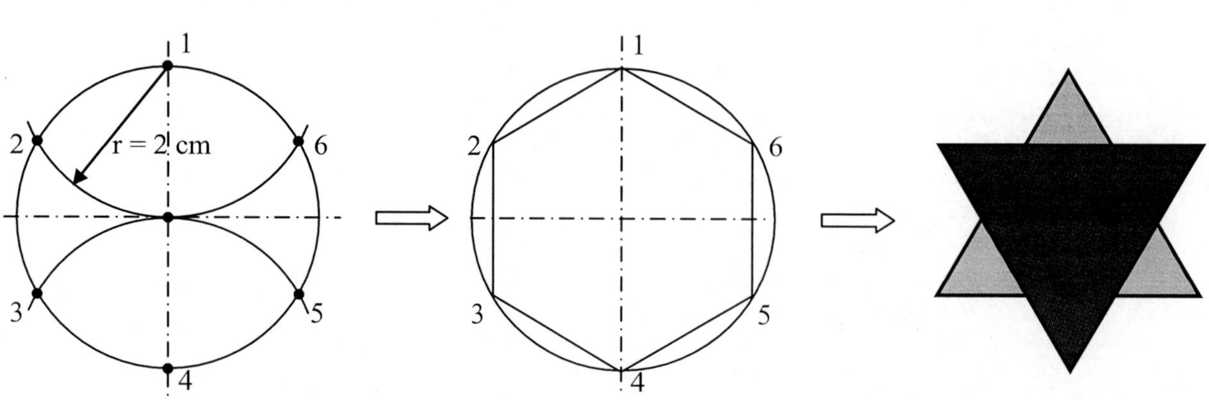

A partir do desenho de um hexágono inscrito é possível desenhar belas estrelas. Ao traçar as mediatrizes de cada lado, divide-se a circunferência em 12 partes, permitindo o desenho de um dodecágno regular.

Curiosidade

Estrela de David (em hebraico *Magen David*), conhecida também como escudo de David é um símbolo em forma de estrela formada por dois triângulos equiláteros sobrepostos, tendo um a ponta para cima e outro para baixo. É um símbolo usado pela religião judaica. A palavra *magen* significa escudo, defesa, governante, homem armado, escamas. O substantivo *magen*, refere-se a um objeto que proporciona cobertura e proteção ao corpo, durante um combate.
Este símbolo apareceu primeiramente ligado aos judeus já na Era do Bronze, no século IV a.C., num selo judaico achado na cidade de Sidom (hoje uma cidade no mar Mediterrâneo, no Líbano). A estrela de David ambém aparece em muitas sinagogas antigas nas atuais terras de Israel datadas da época do Segundo Templo e até mesmo em algumas depois de sua destruição pelos romanos.

5.10 Como desenhar polígonos regulares, com o par de esquadros e o compasso, quando se conhece o valor do lado. O método da escala poligonal de Delaistre, utilizando a divisão gráfica de um segmento de reta em partes iguais

O método a seguir mostrado permite o desenho de polígonos regulares de quaisquer números de lados, partindo-se do conceito do desenho de um hexágono regular, cujo lado é igual ao raio da circunferência que o circunscreve. A segui será mostrado, passo a passo, como se desenha um pentágono de lado igual a 2 cm. O método de Delaistre, utiliza o conceito da divisão de um segmento em partes iguais, como a seguir mostrado.

1º Passo: desenho um triângulo equilátero de lado AB = 2 cm.

2º Passo: traço a altura do lado AB e desenho a circunferência circunscrita.

3º Passo: prolongo a altura do lado AB e traço o eixo horizontal.

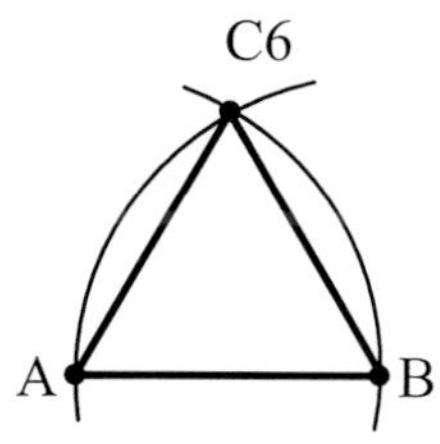

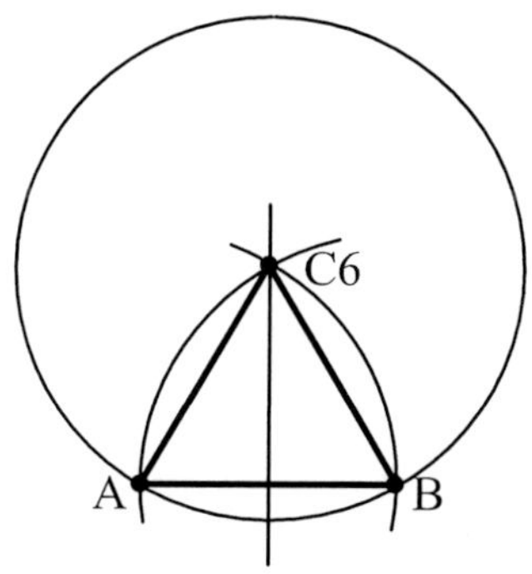

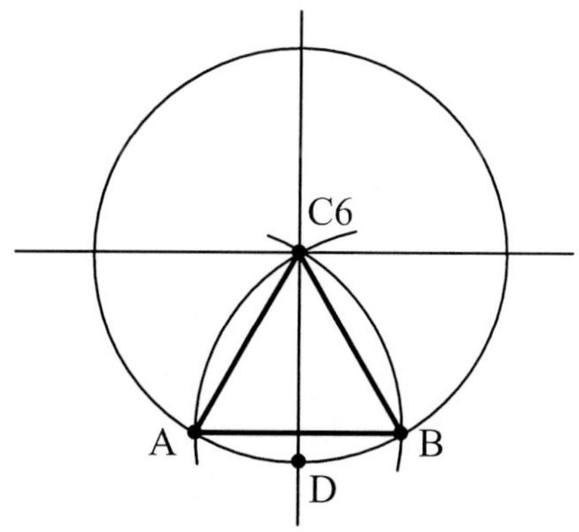

4º Passo: a partir de D, traço uma reta inclinada, para cima e para a esquerda (qualquer inclinação).

5º Passo: na reta inclinada, a partir de D, marco seis medidas iguais, para dividir a altura C6D do triângulo em seis partes iguais*.

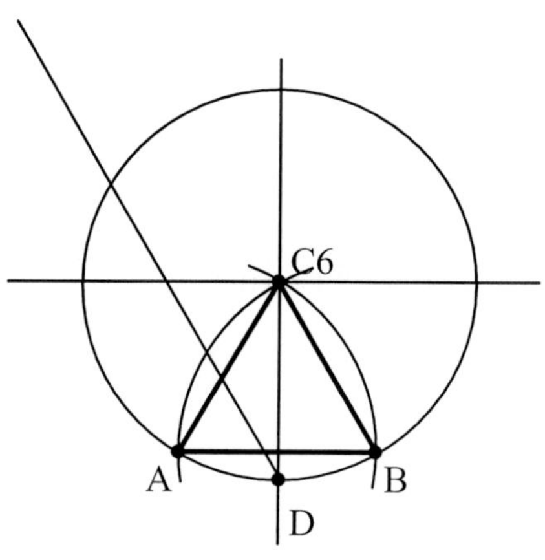

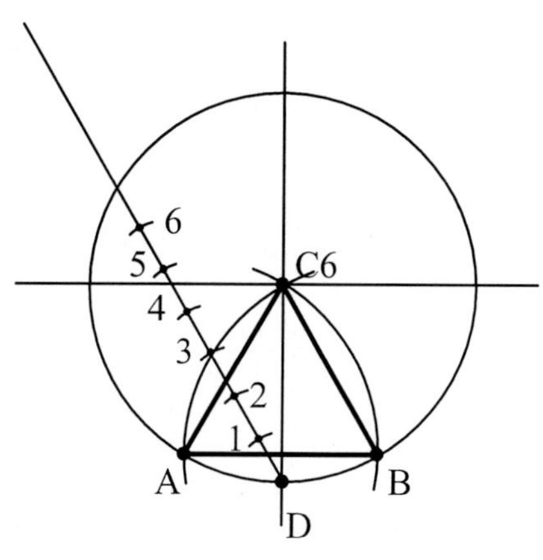

*Veja adiante o conceito de como se divide um segmento de reta em partes iguais.

6º Passo: ligo o ponto 6 ao centro C6 e:
7º Passo: com paralelas à ligação de 6 a C6, Ligo 5, 4, 3, 2 e 1 ao centro C6. Assim divide-se o segmento C6D em seis partes iguais:

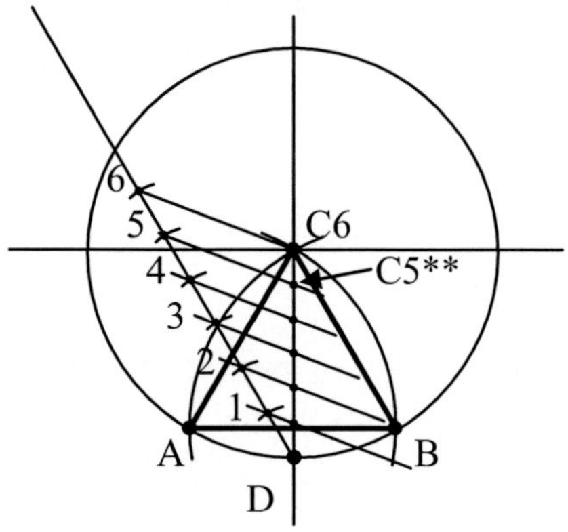

***Divisão de um segmento de reta em partes iguais**

Este método está fundamentado na semelhança de triângulos.

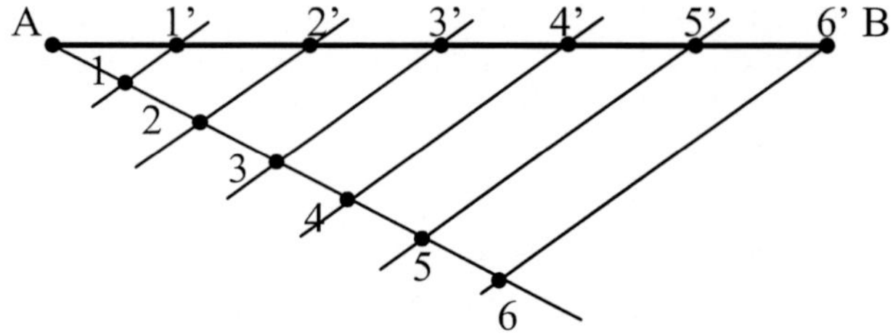

Na reta inclinada marco seis divisões iguais. Ao unir a sexta divisão com o ponto B, crio um grande triângulo A6B. Como os seis triângulos têm os mesmos ângulos, todos são semelhantes e, portanto, o segmento AB fica dividido, no caso, por seis partes iguais.

**O ponto C5 é o centro da circunferência que circunscreve um pentágono inscrito de lado 2 cm.

8º Passo: Transfiro para a parte superior da linha de simetria vertical, as divisões marcadas entre C6 e D. Com isso localizo o centro das circunferências que circunscrevem: o heptágono (C7), o octógono (C8), o eneágono (C9), o decágono (C10) e assim por diante. A seguir é mostrado um desenho com as circunferências e os seguintes polígonos regulares: pentágono, hexágono e octógono, com lado igual a 2 cm.

Como óbvio, as circunferências aumentam de diâmetro, à medida que aumenta o número de lados do polígono.

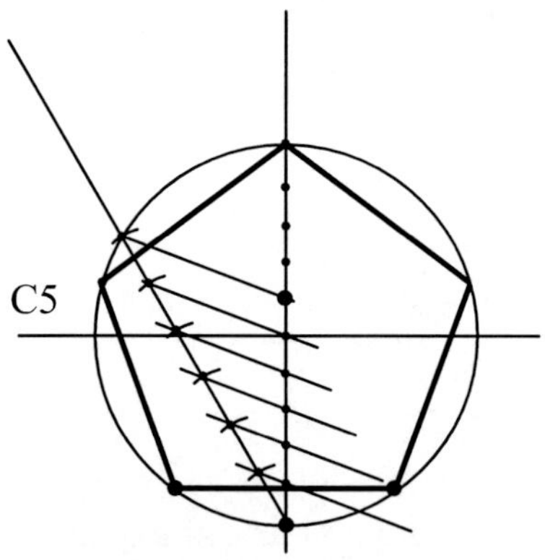

Pentágono regular inscrito de lado igual a 2 cm.

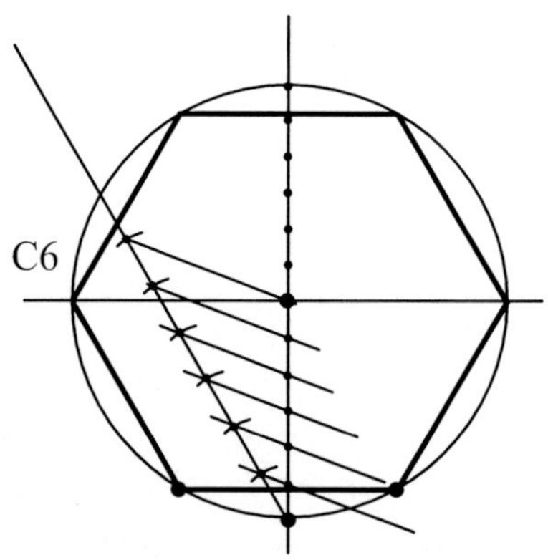

Hexágono regular inscrito de lado igual a 2 cm.

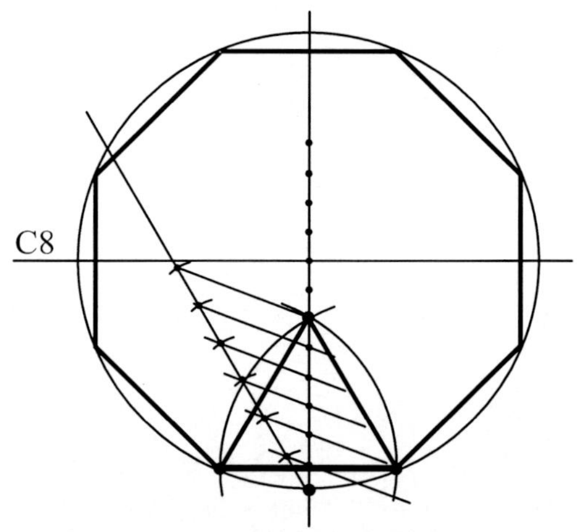

Octógono regular inscrito de lado igual a 2 cm.

O inventor deste método, chamado de “escala poligonal”, foi o escultor e arquiteto francês François Nicolas Delaistre (1746 - 1832).

5.11 O desenho de polígonos inscritos e circunscritos, usando mediatrizes dos lados

Independentemente do método utilizado, é possível, e muitas vezes mais prático, desenhar um polígono inscrito ou circunscrito de um grande número de lados, fazendo primeiro um polígono com um número de lados igual à metade, do que daquele que se deseja, especialmente ao desenhar com esquadros e compasso. Quando se desenha usando um software, como por exemplo, o CABRI, esse problema praticamente inexiste. Dessa forma, se o que se quer é desenhar, por exemplo, um decágono, é mais prático desenhar um pentágono e, ao se dividir cada lado em partes iguais, com a mediatriz, divide-se a circunferência, inscrita ou circunscrita em 10 partes iguais. Em resumo, desenhar um polígono regular, conceitualmente, significa dividir a circunferência em partes iguais ao número de lados do polígono que se deseja.

Desenho de um decágono regular inscrito, a partir de um pentágono

Pentágono inscrito circunferência dividida em cinco partes, com ângulo central de 72º (360º/5 = 72º).

traçado das cinco mediatrizes, dividindo a circunferência em 10 partes iguais, ângulo central de 36º.

Decágono inscrito

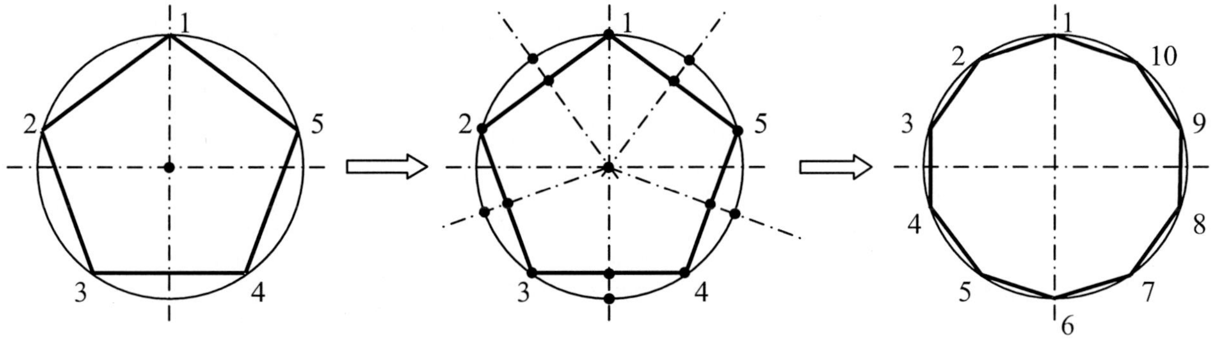

Lembra-se que, em polígonos regulares, a mediatriz de um lado passa pelo centro da circunferência.

Desenho de um dodecágono regular inscrito, a partir de um hexágono

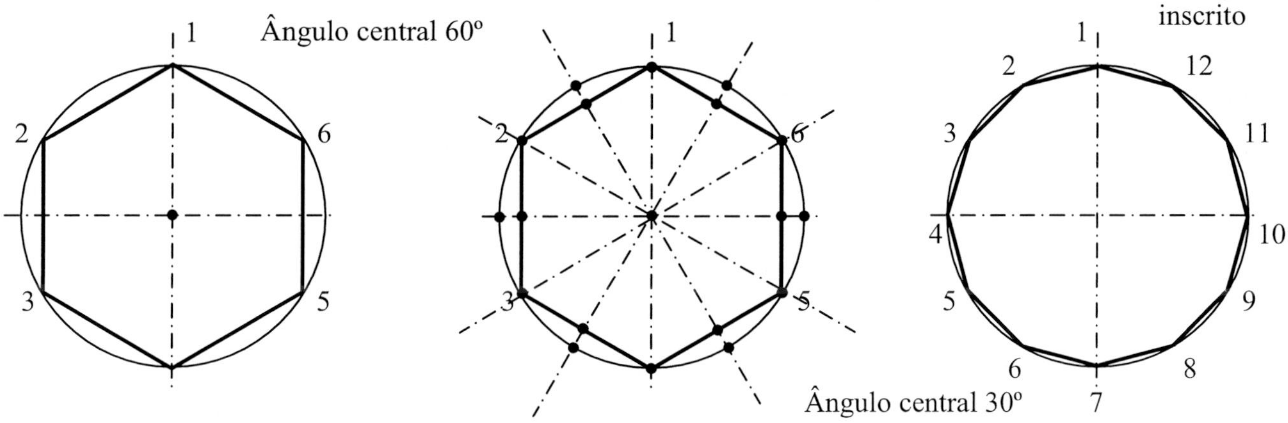

Desenho de um hexadecágono regular inscrito, a partir de um octógono

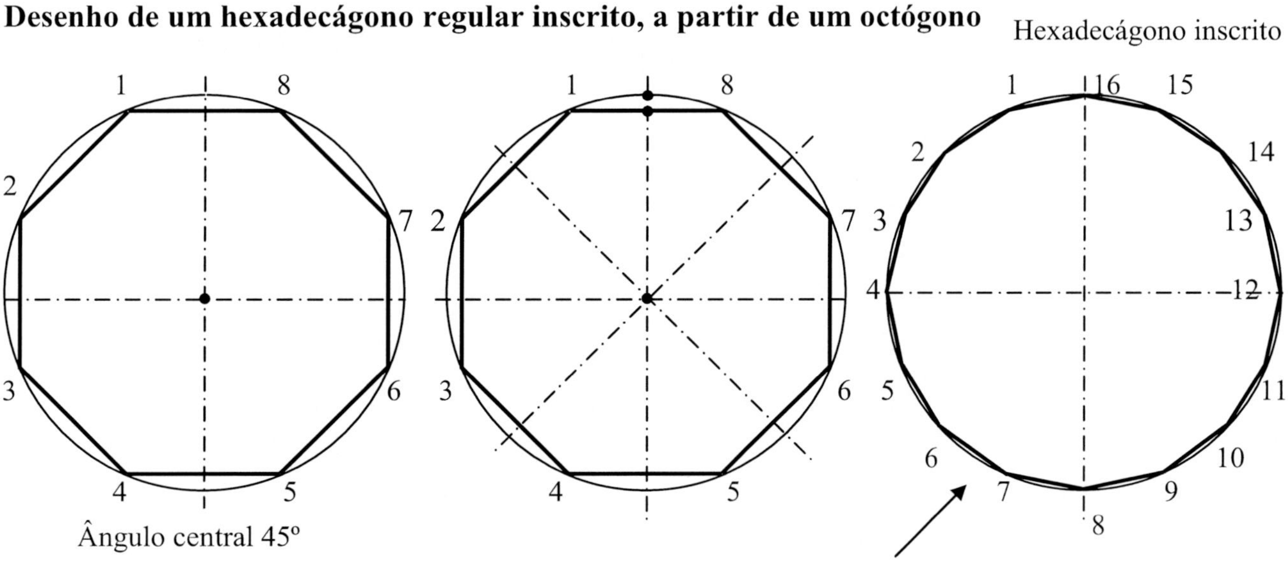

Observa-se que, à medida que aumenta o número de lados, mais se aproxima da circunferência circunscrita.

5.12 Exercício proposto

Desenhar uma estrela de 14 pontas, a partir de um heptágono regular inscrito a uma circunferência de 12 cm de diâmetro.

5.13 Poliedros e polígonos

A palavra poliedro é composta por duas de origem grega, onde poli significa várias e edro significa plano ou face. Poliedro é um sólido (três dimensões) geométrico cuja superfície é composta por um número finito de faces, cujos vértices são formados por três ou mais arestas em três dimensões: comprimento, largura e profundidade em que, cada uma das faces é um polígono, regular ou irregular, por exemplo, triângulos. Existem diversos tipos de poliedros, observando-se que prismas e pirâmides também são poliedros. Prismas, que também são poliedros, são sólidos geométricos, ou seja, tridimensionais, que possuem duas bases poligonais (por exemplo, triangular) e várias faces laterais. Além dos estudos geométricos, poliedros e prismas, nas suas diversas formas, são muito utilizados na prática, em especial na Arquitetura e Engenharia.

5.13.1 Os poliedros regulares de Platão

Platão (427 a.C. - 347 a.C.) foi um filósofo e matemático do período clássico da Grécia antiga, autor de diversos diálogos filosóficos e fundador da Academia em Atenas, a primeira instituição de educação superior do mundo ocidental. Além de ser regular e convexo, todo poliedro de Platão satisfaz, simultaneamente, a diversas condições tais como: a) todas as faces têm o mesmo número de arestas e b) de cada vértice parte o mesmo número de arestas.
Os poliedros de Platão têm utilizações práticas específicas, por exemplo, na Arquitetura e nas Artes. Observa-se que hexaedros ou cubos são usados como caixas d'água e tetraedros são pirâmides de base triangulares.

Imagens dos poliedros regulares de Platão

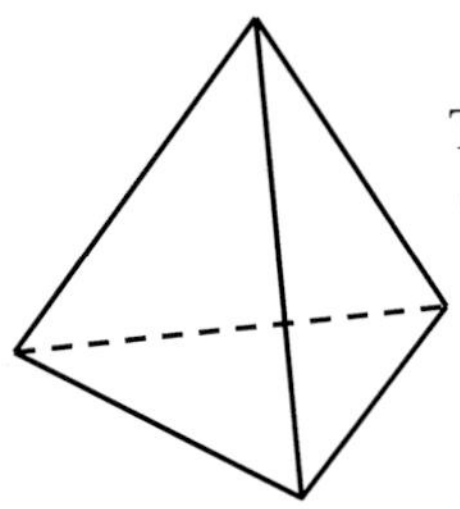

Tetraedro (pirâmide de base triangular)

Composto de quatro triângulos equiláteros

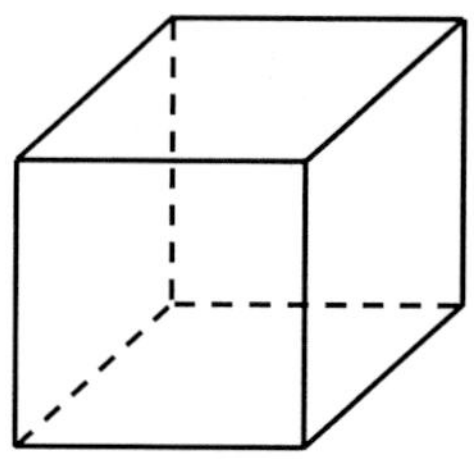

Hexaedro ou cubo

Composto de seis quadrados

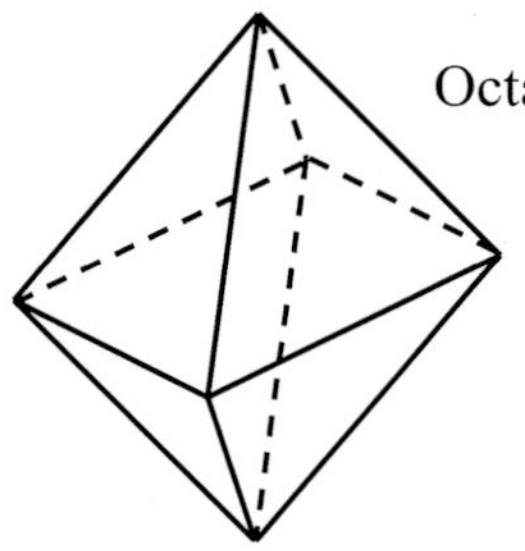

Octaedro

Composto de oito triângulos equiláteros

Algumas pedras preciosas são lapidadas nesses formatos.

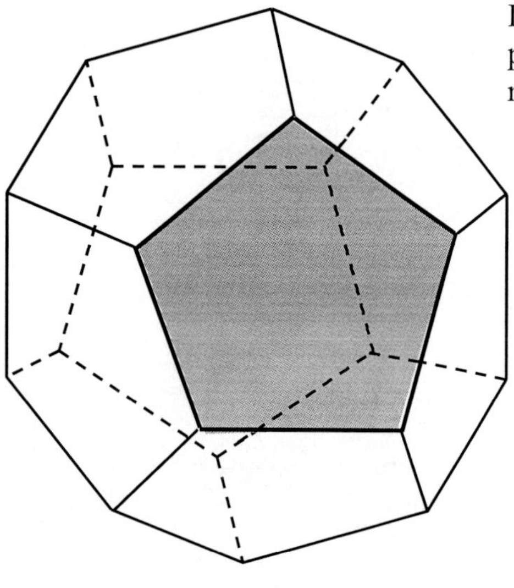

Dodecaedro: composto por 12 pentágonos regulares.

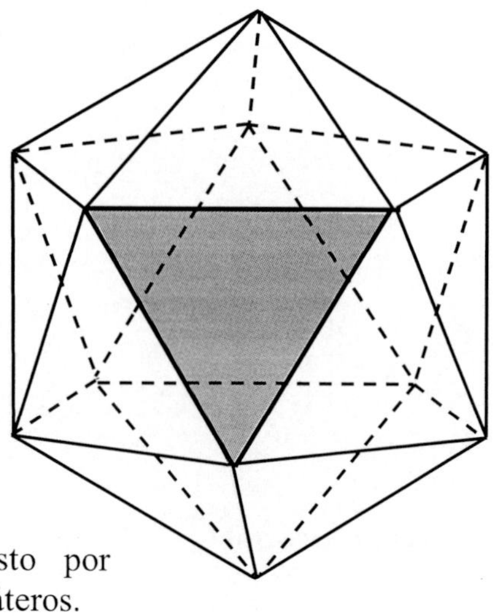

Icosaedro: composto por 20 triângulos equiláteros.

5.13.2 Classificação dos poliedros, quanto ao número de faces. Poliedros irregulares

Tais e quais os polígonos, os poliedros também utilizam prefixos com palavras de origem grega, como mostrados no quadro a seguir.

N° de faces	Classificação
4	Tetraedro
5	Pentaedro
6	Hexaedro
7	Heptaedro
8	Octaedro
9	Eneaedro
10	Decaedro
11	Undecaedro
12	Dodecaedro
20	Icosaedro

Excetuando-se os cinco poliedros de Platão, que são regulares, os demais são obrigatoriamente irregulares, ou seja, com faces de diferentes polígonos, como mostrados a seguir.

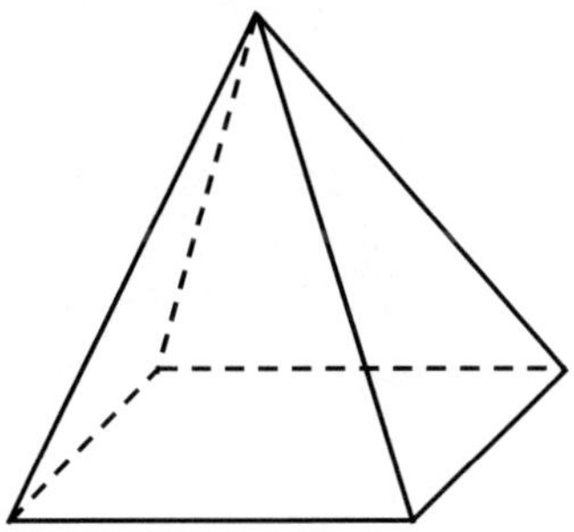

Pirâmide reta de base quadrada (pentaedro)

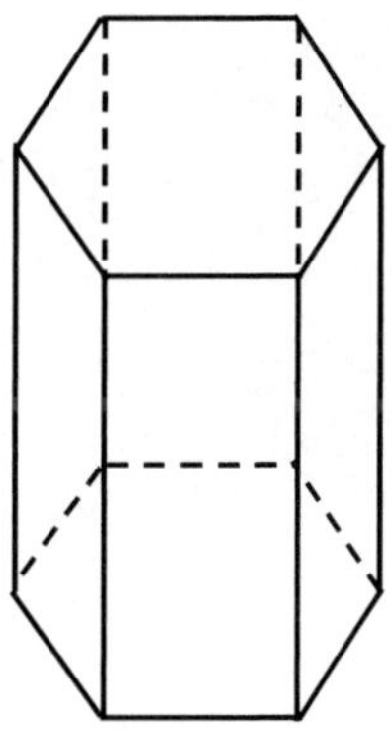

Prisma reto de base hexagonal

Para uma melhor visualização os: eneaedro, decaedro e undecaedro, serão mostrados em outras posições.

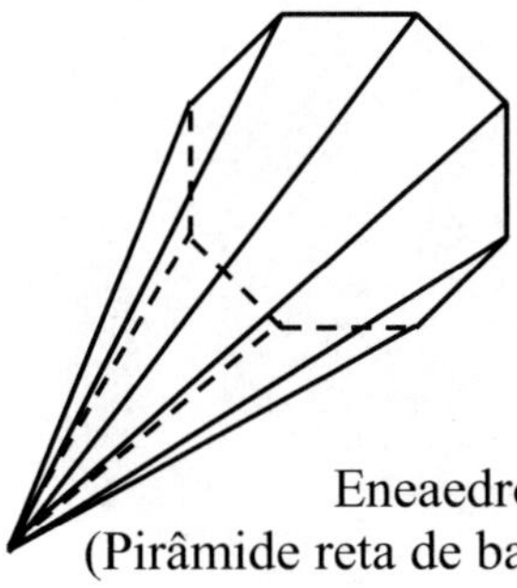

Eneaedro
(Pirâmide reta de base octogonal)

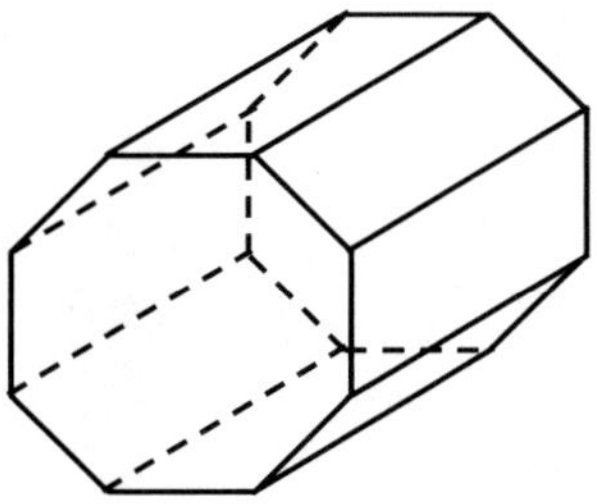

Decaedro
Prisma reto de base octogonal

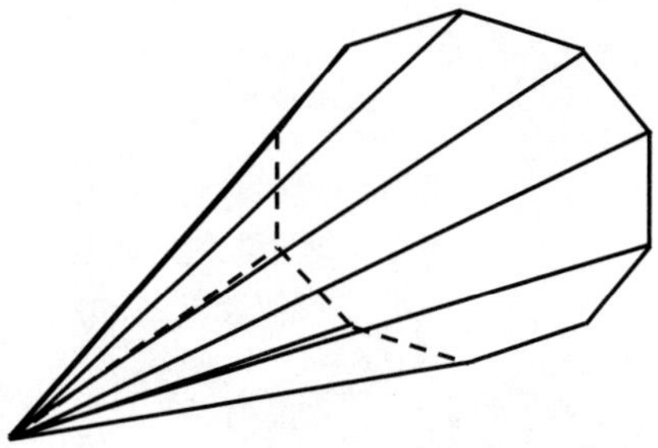

Undecaedro
(Pirâmide reta de base decagonal)

5.14 A Arte Geométrica colorida com os polígonos

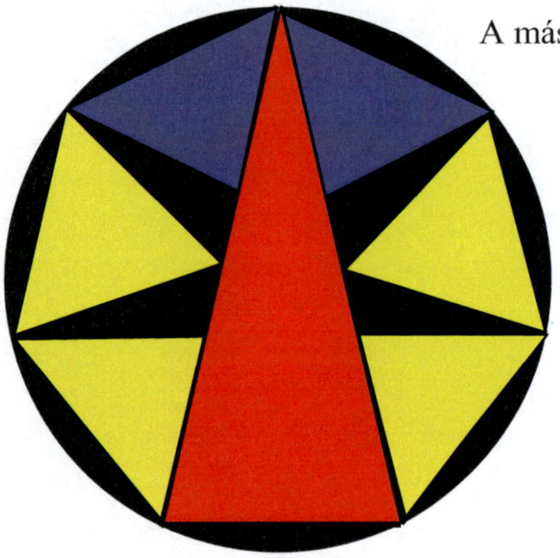

A máscara

Decifra-me!

Violeta estrelada

Viva o Brasil

Preto e amarelo originam
um forte contraste visual.

As três cores primárias:
vermelho, azul e amarelo.

Capítulo 6

Algoritmo, fluxograma e *Softwares* usados para Desenhos Geométricos. O uso do programa Word, para o desenho geométrico

6.1 O que é um algoritmo? O que é um fluxograma, aplicado ao Desenho Geométrico?

Um algoritmo pode ser definido como uma sequência finita e lógica de regras, raciocínios ou operações que, aplicada a uma determinada construção geométrica, permite solucionar problemas. Ao longos dos capítulos desse livro, em diversos exercícios foram detalhados o passo a passo das construções geométricas. Neste capítulo, será mostrado um algoritmo, para o desenho de um quadrado, que foi descrito no capítulo 3.

Em termo simples e popular, um algoritmo pode ser pensado como uma "receita de bolo ou comida", com a descrição dos produtos a serem usados e detalhes do preparo. Numa receita de bolo o algoritmo detalha: os ingredientes, a ordem que eles devem ser colocados, o modo de preparo e o resultado, que varia conforme a execução das ações. Num algoritmo para desenho geométrico é detalhado o passo a passo, no máximo detalhe possível. Uma vez que um algoritmo esteja completo, é possível projetar ou criar um programa de computador ou *software* (através de programação), para resolver um determinado problema.

Fluxograma ou diagrama de fluxo é um desenho (com símbolos geométricos) que mostra a sequência lógica de um algoritmo. Ou seja, de forma resumida, pode-se afirmar que algoritmo é a parte escrita e fluxograma é a imagem com símbolos específicos, para a execução de uma construção ou Desenho Geométrico.

Observa-se que o capítulo atual atende à habilidade EF07MA28, citada na BNCC, para aulas de Geometria. Essa habilidade cita: "Descrever, por escrito e por meio de um fluxograma, um algoritmo para a construção de um polígono regular (como quadrado e triângulo equilátero), conhecida a medida de seu lado".

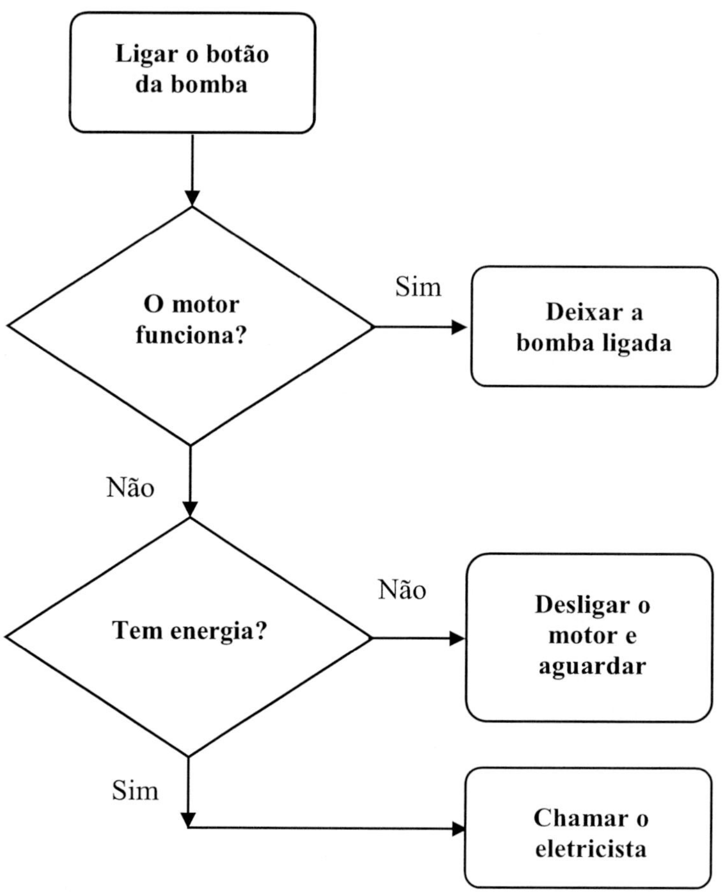

Exemplo de um algoritmo, com o seu fluxograma, para a seguinte situação: uma pessoa aciona o botão da bomba de uma piscina, para recircular e filtrar a água, que está turva. O motor não funciona: O que houve? Tem energia elétrica na residência? Caso tenha energia, e a pessoa não entenda do assunto, é prudente chamar um eletricista, para ver o que está havendo. Observa-se que existe toda uma sequência lógica, para se entender o que pode ter ocorrido.

Neste caso, em geral, pode ter ocorrido a queima do motor ou algum problema na instalação elétrica da casa.

Outra orientação, antes de chamar um eletricista, é conversar com a pessoa da loja onde são comprados os produtos químicos para tratar a água da piscina, pois às vezes pode ser um outro problema, até mais simples, que possa ser resolvido, mesmo por quem não entende de eletricidade.

Os símbolos e setas à esquerda, estão descritos no parágrafo a seguir.

Um algoritmo serve para registrar o processo de solução de um problema, bem como para que outra pessoa possa resolver o mesmo problema, sem ter que pensar e refazer a sequência lógica das atividades.

6.2 Símbolos Básicos usados em fluxogramas, também aplicados ao desenho geométrico

Observa-se que os símbolos a seguir mostrados foram desenhados usando o programa Word, que tem esses símbolos já disponíveis. Observa-se que, como todo símbolo no Word, os aqui mostrados também podem ter suas dimensões e posições alteradas.

A forma de "pílula" representa o início e o fim de uma atividade:

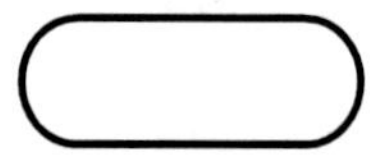

A forma retangular representa um processo ou atividade:

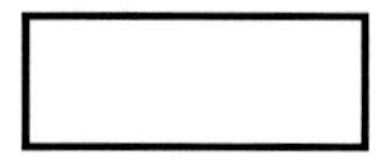

A forma do paralelogramo representa a entrada e a saída da informação:

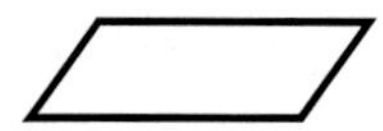

A forma do diamante representa uma decisão:

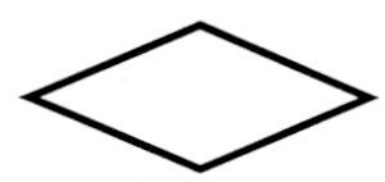

A forma de seta representa o fluxo da sequência de atividades e decisões:

6.3 Exemplo de um algoritmo para o desenho de um quadrado

Problema: projetar (ou planejar) um algoritmo para desenhar um quadrado ABCD, de lado igual a 3 cm, com a base AB horizontal, colocando o vértice A à esquerda, o vértice B à direita e os outros dois vértices, C e D, seguindo o sentido anti-horário.

Essa construção geométrica terá a seguinte imagem "conceitual":

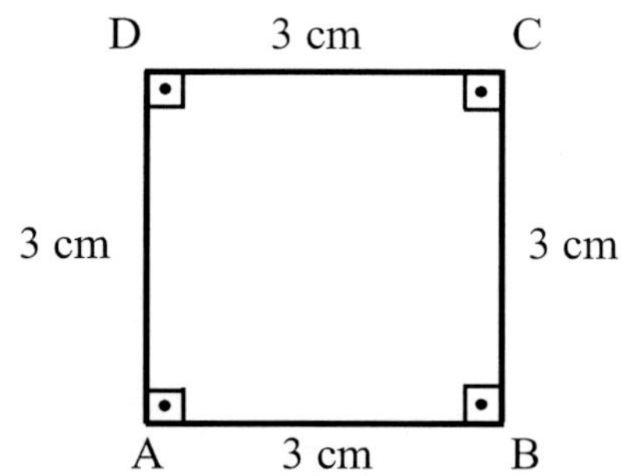

O raciocínio lógico matemático geométrico, para uma solução (podem existir outras) deste problema, ou seja, um algoritmo, compreende (no mínimo) os seguintes passos sequenciais:

1º Passo: determino e marco onde será localizado o vértice A;
2º Passo: traço um segmento horizontal, a partir de A, para a direita, de comprimento 3 cm;
3º Passo: marco o vértice B;
4º Passo: usando a ponta seca do compasso centrada no ponto A, traço um arco de raio AB (ou seja, 3 cm), para cima, e no sentido de uma perpendicular ao vértice A;
5º Passo: marco o vértice D;
6º Passo: usando a ponta seca do compasso centrada no ponto B, traço um arco de raio BA (ou seja, 3 cm), para cima, e no sentido de uma perpendicular ao vértice B;
7º Passo: marco o vértice C;
8º Passo: uno os vértices C e D, fechando o desenho do quadrado e
9º Passo: retiro os pontos e os traços de arcos, finalizando o desenho do quadrado, inclusive deixando os lados com uma maior espessura.

A seguir é mostrado, passo a passo, a construção geométrica do quadrado ABCD:

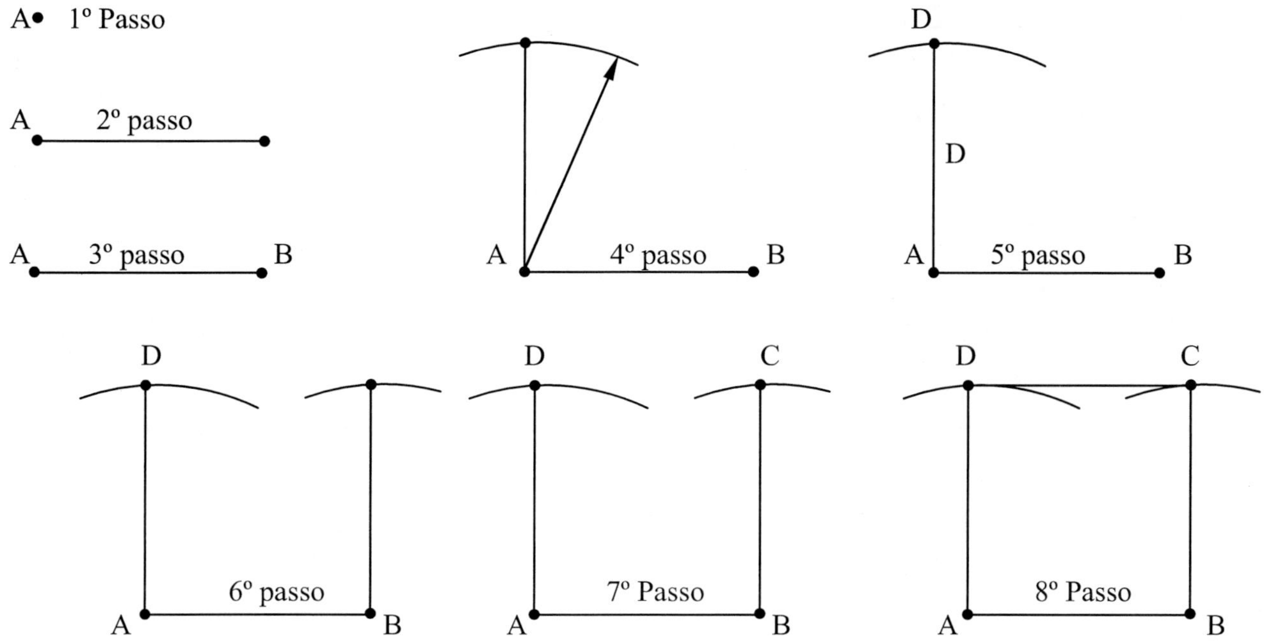

O quadrado finalizado

Um grande desafio é projetar um algoritmo, para ser transformado em um *software*, capaz de desenhar qualquer tipo de quadrado, com quaisquer valores de lados. É importante salientar que, o algoritmo aqui detalhado, está de uma forma bem simples, sabendo-se que, o profissional de programação que irá desenvolver o *software* conversará muito com quem escreveu o algoritmo, para entender exatamente o que se quer e, com certeza, irá fazer modificações, acréscimos e melhorias.

6.4 O que é a Geometria Dinâmica? *Softwares* que podem ser usados para a prática do Desenho Geométrico, por alunos do 7º ano do Ensino Fundamental

É importante deixar claro que, o ensino e aprendizado do Desenho Geométrico, especialmente no Ensino Fundamental, tem como objetivo principal o desenvolvimento e aperfeiçoamento das habilidades motoras ou pictóricas e visuais, bem como do raciocínio lógico matemático geométrico. Ou seja, o ensino e aprendizado do desenho Geométrico é muito mais do que "ser adestrado" no uso de programas ou *softwares*, capazes de executar com precisão e rapidez, as mais complexas construções geométricas.

Além de ajudar em muito esses desenvolvimentos e facilitar o aprendizado da Matemática, quando se executa um Desenho Geométrico, usando papel, esquadros, compasso, régua, lápis, transferidor e borracha, em verdade se aumenta a concentração da pessoa. Esta afirmação pode ser comprovada em qualquer escola, de qualquer lugar, pois enquanto os alunos fazem os desenhos, ficam quietos e "imersos" nos seus pensamentos. Essa imersão e concentração, chegam à euforia, quando se utiliza as construções geométricas, por exemplo, para a execução de belas obras coloridas de Arte Geométrica, como já mostradas ao longo dos diversos capítulos.

O termo "Geometria Dinâmica" é utilizado para definir programas interativos que possibilitam a criação e manipulação de figuras geométricas a partir de suas propriedades. Esses programas também são utilizados nas geometrias analítica e descritiva, bem como em pesquisas.

Na geometria dinâmica há diversos recursos disponíveis como, por exemplo, uso de cores nos desenhos, sistemas de coordenadas cartesianas e polares, calculadora interna, medição de ângulos, distâncias e áreas. Com programas de Geometria Dinâmica é possível clicar em um ponto do desenho construído e arrastá-lo

pela tela, com o *mouse*, mudando sua configuração. É dessa possibilidade de movimentação que vem o termo geometria dinâmica.
A principal característica da Geometria Dinâmica é que as imagens podem ser arrastadas na tela do computador, utilizando o *mouse*, possibilitando a transformação de figuras geométricas em tempo real. Com isso, a tela fornece a impressão que o desenho se deforma com o processo de arrastar, enquanto mantém as relações especificadas como essenciais da construção original. Outra característica da Geometria Dinâmica é permitir rapidez na execução dos desenhos, pois figuras que demorariam muito tempo para serem construídas no papel, com régua e compasso, são criadas no computador em segundos.
Dentre os principais programas de Geometria Dinâmica os seguintes se destacam: Tabulae, Geogebra, Régua e Compasso, Cabri Géomètre e Cabri 3D. Embora não sejam de Geometria Dinâmica, os programas AutoCad e Word podem ser utilizados para desenhos geométricos. Nesse livro, todas as imagens existentes foram desenhadas em Word, inclusive com o preenchimento de cores.

O Tabulae é um *software* de Geometria Dinâmica plana que foi desenvolvido no "Projeto Enibam" do Instituto de Matemática da Universidade Federal do Rio de Janeiro - IM/UFRJ. Esse programa é gratuito.
Geogebra: "Geometria + Álgebra", é um programa austríaco gratuito que reúne Geometria, Àlgebra e Cálculo. De forma geral, podem ser construídos pontos, segmentos de reta, polígonos, circunferências, vetores, gráficos de funções, curvas cônicas (circunferências, elipses, parábolas e hipérboles), que podem ser dinamicamente modificados com um simples movimento do *mouse*. Uma vantagem do Geogebra é a de apresentar duas representações diferentes de um mesmo objeto: a representação geométrica e a algébrica. Esse programa pode ser utilizado em vários idiomas, inclusive português.
Régua e Compasso (CaR) é um programa de Geometria Dinâmica que pode ser baixado gratuitamente. Esse programa possibilita construções dinâmicas e interativas. Após algumas construções, os objetos geométricos podem ser deslocados na tela sem modificação das relações geométricas.
O Cabri-Géomètre II é um *software* educativo específico para o aprendizado da geometria. Foi desenvolvido por Jean-Marie Laborde e Franck Bellemain, no Institut D'Informatique et Mathématiques Appliquées de Grenoble, França. O Cabri possui muitos recursos na construção das figuras geométricas possibilitando movê-las e deformá-las, Permite criar e explorar figuras geométricas de forma interativa através da construção de pontos, retas, triângulos, polígonos, círculos e outros objetos.
Cabri 3D é um *software* de matemática dinâmica tridimensional. Ele foi desenvolvido pela empresa francesa Cabrilog, permitindo a construção em três dimensões e, ao mesmo tempo, tem os benefícios da geometria interativa. Ele oferece uma interface lúdica e intuitiva com ferramentas de visualização 3D, que muito facilitam o ensino/aprendizado da geometria.

6.4.1 O Word usado como *software* para a prática do Desenho Geométrico

Embora não seja um programa de Geometria Dinâmica, o Word possibilita de forma fácil e prática, a construção de muitos Desenhos Geométricos. Uma comprovação dessa afirmativa é que: "todos os desenhos contidos nesse livro foram feitos usando o Word". Embora não pareça e não seja muito difundido, o Word possuí diversos recursos para desenhar. Nas próximas páginas são citadas e mostradas várias maneiras para a prática do Desenho Geométrico, com o Word.
No volume 1, do livro "Desenho Geométrico e Geometria I", também no capítulo 6, estão descritas várias possibilidades do Word, para uso em atividades de Desenho Geométrico, para o Ensino Fundamental. Aqui serão apresentadas outras possibilidades.
Mais uma vez observa-se que, embora nesse capítulo o foco seja o Desenho Geométrico usando o *software* Word, é imprescindível que alunos pratiquem a Arte Geométrica com os instrumentos clássicos e usem lápis de cor, para dar mais luz e beleza às suas Obras de Arte. Nos parágrafos a seguir

Como traçar linhas retas e alterar suas espessuras e inclinações

Em geral, na barra de ferramentas de desenho do Word, logo ao lado do ícone "AutoFormas", aparece uma linha inclinada a 45° para a esquerda. Uma vez clicando nessa linha, o ícone fica "amarelado" e então, podem ser traçadas linhas onde se deseja. É importante frisar que, antes de clicar nessa linha ou em qualquer outro ícone da barra de desenho, tem-se que ter clicado em qualquer linha ou figura já desenhada.

Por exemplo, imagina-se que tenhamos já um retângulo desenhado, também com ícone na barra de desenho, caso queiramos traçar as diagonais desse retângulo, antes de clicar no ícone da linha, clica-se no retângulo. Vejamos o passo a passo, para traçar as diagonais do retângulo a seguir:

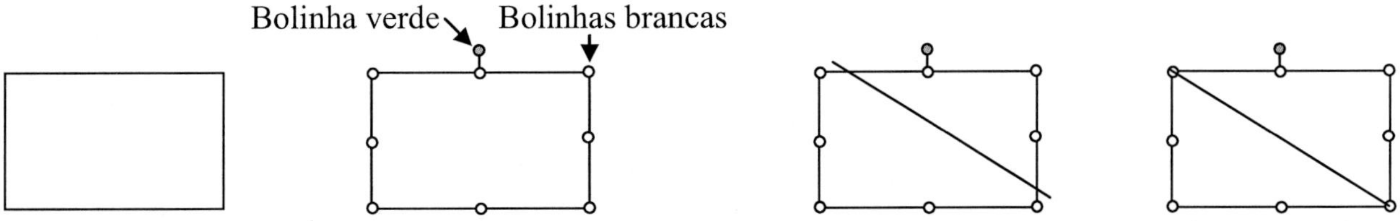

Retângulo original | 1º Passo: clico no retângulo | 2º Passo: clico no ícone da linha e marco a primeira diagonal* | 3º Passo: acerto a diagonal*

*Como a diagonal ficou fora dos vértices, marco a linha e vou acertando sua posição, clicando pausadamente as teclas Ctrl e uma das quatro setinhas do teclado: para cima, para baixo, para a esquerda ou para a direita.

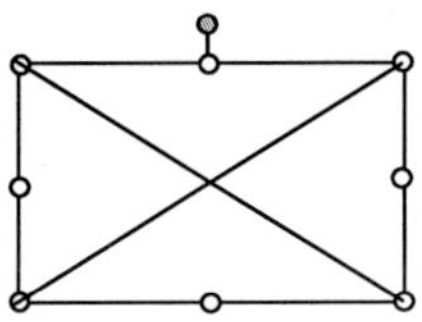

4º Passo: clico no retângulo e no ícone da linha, para traçar a outra diagonal, ajustando, se necessário.

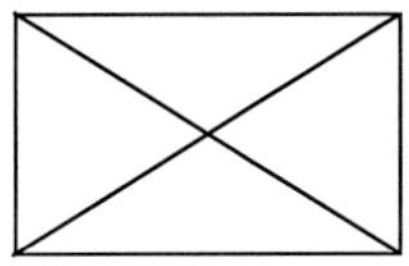

Esse é o retângulo com as duas diagonais.

Caso queira mudar o retângulo de posição, é só marcar com o ícone de uma seta branca inclinada para cima e à esquerda, aparecendo as nove bolinhas. Com o retângulo marcado, basta usar a tecla Ctrl e uma das quatro setinhas do teclado.

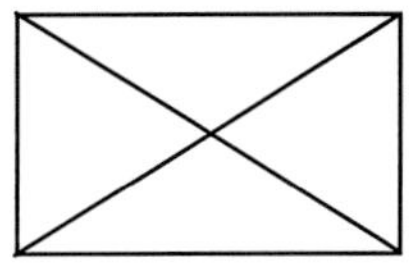

Aqui está o retângulo em outra posição.

Alterando espessura, tipo e posição de retas:

Tendo-se uma reta traçada, para alterar sua espessura, basta clicar na reta e abrir a janela do ícone com três retas pretas, na barra de desenho. Com a janela aberta, escolhe-se a nova espessura. No exemplo a seguir, a primeira reta tem 3/4 de espessura e a segunda $2^{1/4}$. Para alterar a inclinação da reta, clica-se duas vezes sobre a mesma, abrindo uma grande janela com as seguintes opções: Cores e linhas, Tamanho, Layout.
Em Cores e linhas é possível as seguintes opções: cor, tracejado ou não e espessura. Quanto ao Tamanho pode-se alterar o comprimento, se linha horizontal ou altura, se linha vertical, bem como sua rotação em graus, tanto no sentido horário, com ângulos positivos, quanto no anti-horário, com ângulos negativos. A linha de espessura 3/4 foi alterada de 30º no sentido anti-horário e a de $2^{1/4}$ foi alterada de 30º no sentido horário.

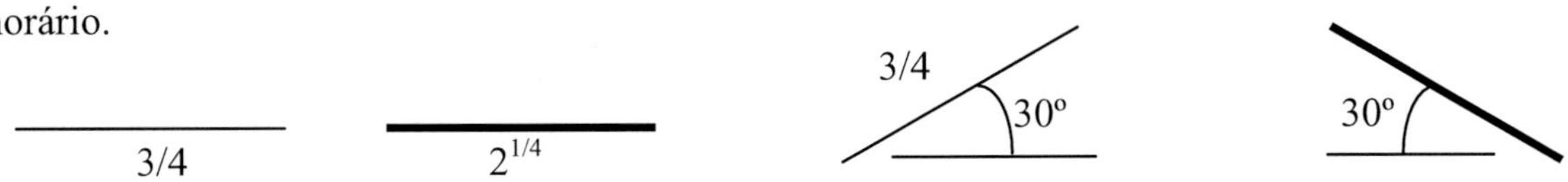

Como desenhar elipses e circunferências

Usando o Word, é possível desenhar elipses e circunferências de duas maneiras, utilizando a barra de ferramentas: 1) clicando direto na imagem de uma elipse que aparece na barra de ferramenta, obtendo-se o desenho de uma elipse pronta e 2) clicando no ícone "Autoformas".

Quando se clica direto no ícone da imagem de uma elipse obtém-se, por exemplo, a seguinte imagem:

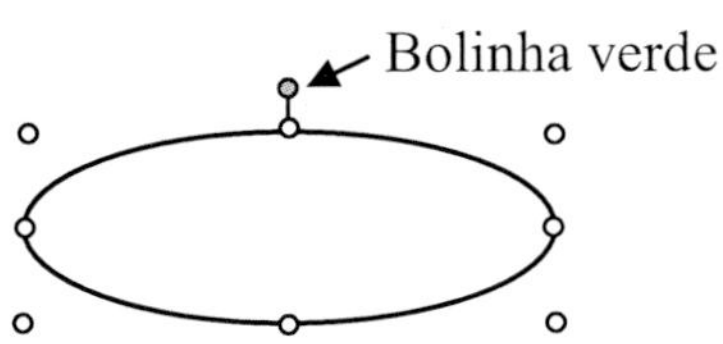

Surge uma elipse com nove "bolinhas", como indicado. As oito bolinhas brancas permitem ampliar ou reduzir o tamanho da elipse. A bolinha na cor verde, na parte superior, permite girar a elipse, para qualquer posição. Quando se desenha uma elipse dessa maneira, ela encobre qualquer outra figura ou texto, caso encoste nos mesmos.

Quando se clica no ícone "Autoformas" surgem várias janelas, dentre as quais "Formas básicas". Ao clicar em Formas básicas, tem-se a possibilidade de desenhar diversas imagens, inclusive tem a imagem de um "pequeno arco" que, ao ser clicado surge uma pequena "cruz" ou sinal de + (soma) no mouse, também aparecendo as sete bolinhas brancas e uma verde, bem como duas bolinhas amarelas nos extremos do arco. Com esse sinal, faz-se um arco em qualquer lugar da "folha".

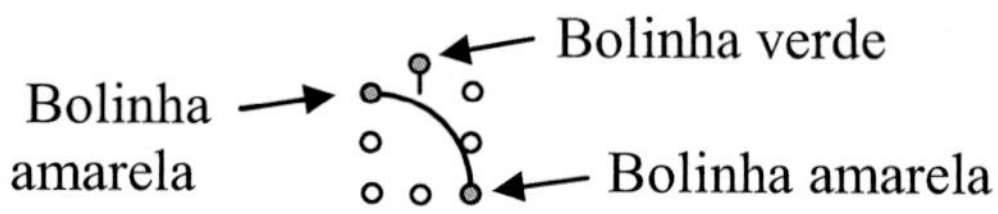

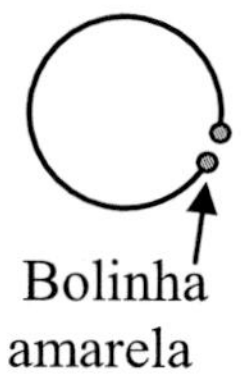

Ao aproximar uma bolinha da outra, obteve-se uma circunferência. Observa-se que as bolinhas amarelas não podem se tocar.

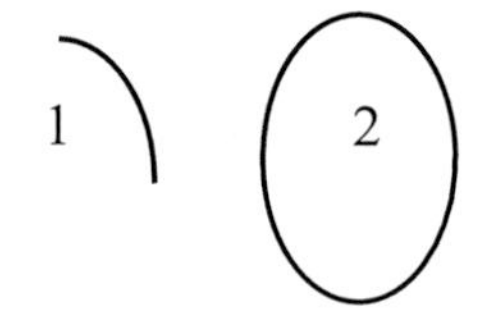

Elipse com eixo maior na vertical.

Elipse com eixo maior na horizontal.

A bolinha na cor verde, na parte superior, permite girar a elipse, para qualquer posição. As bolinhas brancas permitem alterar as dimensões do arco e as duas bolinhas amarelas permitem continuar o comprimento do arco, até se formar uma elipse, embora não se possa encostar totalmente as duas pontas do arco, pois se encostar a elipse "some". Dependendo do arco que se tenha desenhado, ao movimentar uma das bolinhas amarelas pode-se obter uma circunferência, como mostrado à esquerda.Também é possível ajustar as dimensões da elipse ou da circunferência, da seguinte forma:

Clico duas vezes sobre a elipse ou circunferência, abrindo uma grande janela com várias opções, inclusive para alterar altura e largura. Circunferências têm o mesmo valor de altura e largura. Elipses têm valores diferentes e, dependendo da altura e largura, podem aparecer com eixo maior na vertical ou na horizontal. Veja sequência à esquerda.

Ao se desenhar elipses e circunferências com o Word, também é possível preencher suas áreas internas com as mais diversas cores e efeitos de preenchimento. Basta clicar no ícone de uma "lata de tinta" sendo derramada, obtendo-se dezenas de opções, inclusive em cores, mostrando-se algumas a seguir. Estes recursos permitem muitas opções ao se praticar a Geometria Artística ou Arte Geométrica.

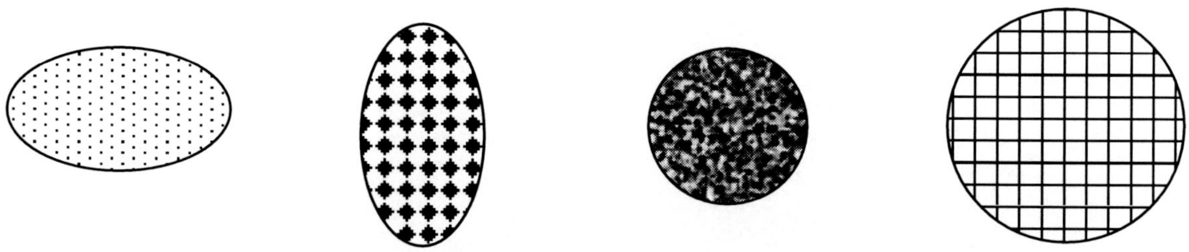

Passo a passo, para o desenho de um hexágono regular inscrito a uma circunferência de raio 2 cm, usando o programa Word.

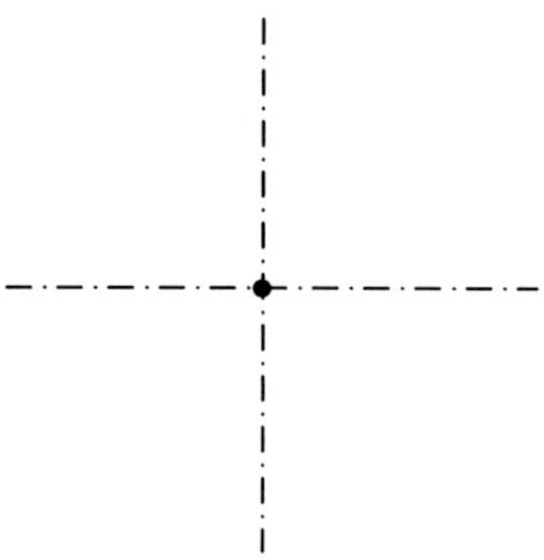

Para confirmar que as retas sejam perpendiculares, basta clicar em cada uma e conferir que têm rotação 0° no ícone Autoforma, Tamanho. O centro da circunferência é um círculo fechado de altura e largura igual a 0,12 cm, também usando o ícone Autoforma. Os tamanhos das perpendiculares podem ser alterados como descrito anteriormente. Como o diâmetro é 4 cm (raio é 2 cm), as perpendiculares estão com 4,3 cm, cada.

1° Passo: traço duas perpendiculares, determinado o centro da circunferência.

2° Passo: como descrito no parágrafo anterior, traço a circunferência.

Como é um hexágono regular inscrito, seu ângulo central é 60º (pois: 360º/6 = 60º) e seu lado é igual ao raio da circunferência, ou seja, 2 cm. O 3º Passo consiste em traçar uma reta horizontal de 2 cm de comprimento e definir em que posição ficará o hexágono. Usar espessura de 1 pt, para a linha do lado.

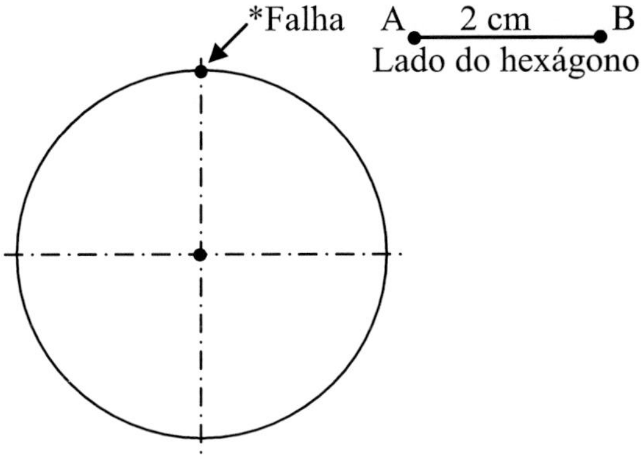

*Falha: como a circunferência foi traçada usando o recurso Autoforma e forma básica, a circunferência não fica 100% fechada, ou seja, com uma pequena "Falha". Existem duas formas de se "esconder" essa Falha: 1) utilizando a bolinha preta como um dos vértices e 2) desenhando um pequenino segmento de reta de 0,12 cm, encobrindo a "Falha".

Quanto aos lados, nesse caso o primeiro vértice coincidirá com a "Falha", encobrindo-a.

4º Passo: posiciono o lado na parte superior, ou vértice 1.

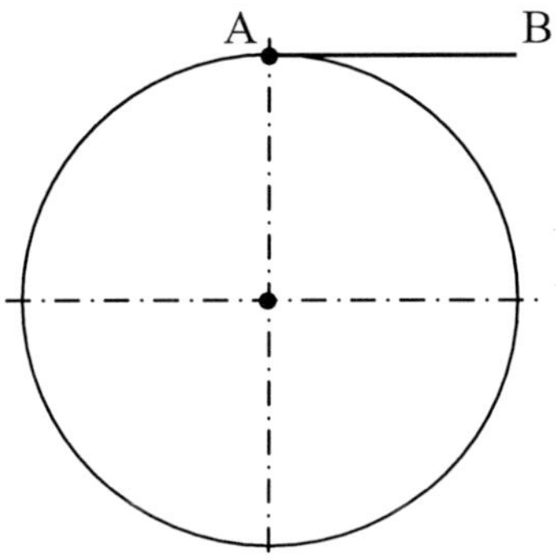

5º Passo: rotaciono de +30º o lado AB, ou seja, sentido horário.

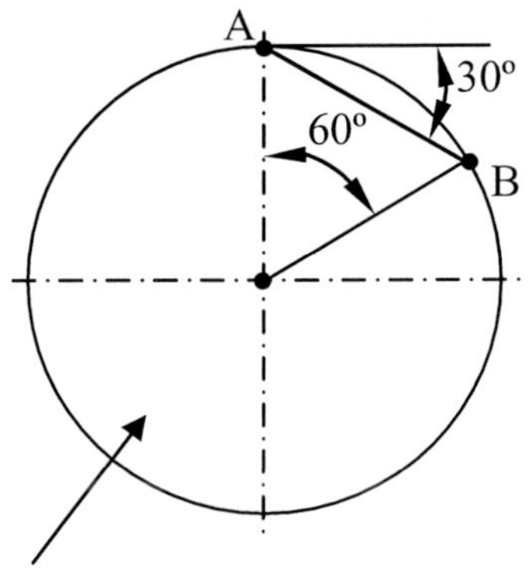

6º Passo: traço o 2º lado, BC na vertical.

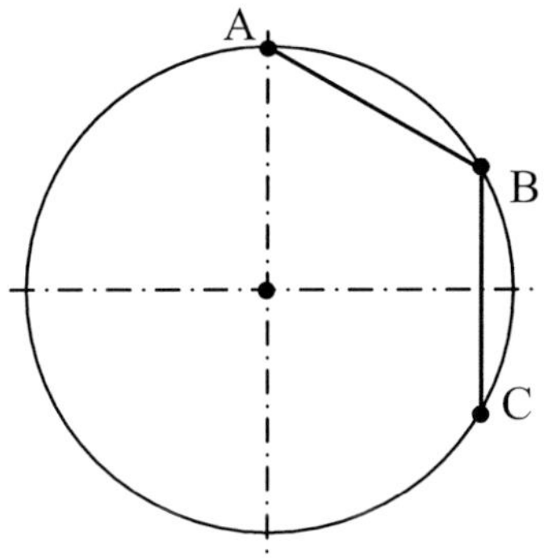

Aqui está a explicação para o giro de 30º no sentido horário:

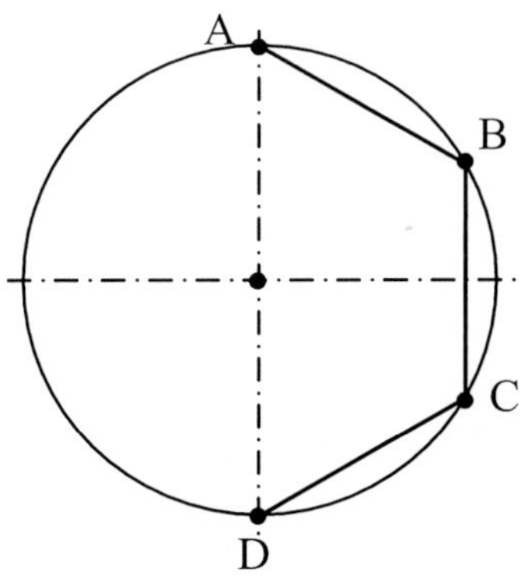

7º Passo: traço o lado CD, girando BC de 60º, no sentido horário.

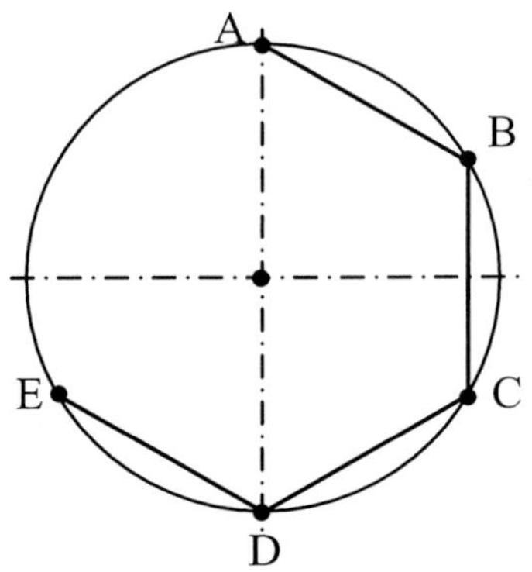

8º Passo: como é número par de lados, lados opostos são paralelos, logo traço os lados DE, EF e FA, paralelos a AB, BC e CD*.

O hexágono finalizado.

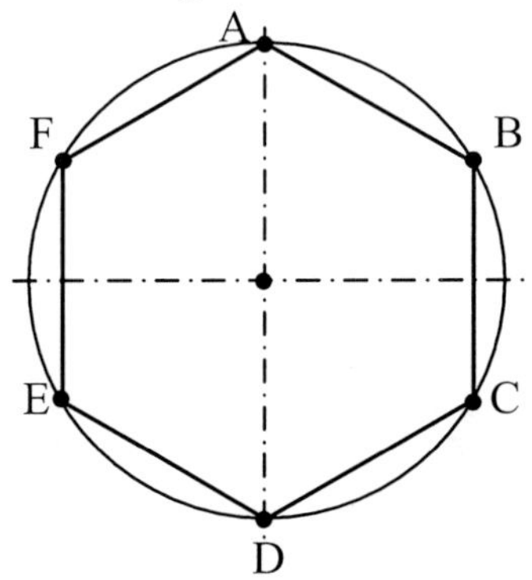

Para traçar paralelas, primeiro copio* o lado e depois o transporto para o seu local.

*Para copiar um segmento de reta ou qualquer outra figura, usando o Word, faz-se o seguinte: 1) Clico no segmento e o marco (aparecem duas bolinhas brancas nas extremidades), 2) Com o segmento marcado, clico seguidamente: Ctrl c/v, surgindo uma cópia do segmento e 3) Transporto o segmento copiado, marcando-o e usando uma das quatro setinhas brancas do teclado.

Uma vez com o hexágono desenhado, com o lado de 2 cm, pode-se praticar a Arte Geométrica, das seguintes formas:

1) Clico no ícone Autoforma, entro em formas básicas e marco o símbolo de um hexágono. Uma vez com esse hexágono, vou ajustá-lo sobre o hexágono desenhado lado a lado, ou seja, é como "colar um decalque sobre um desenho". Vejamos:

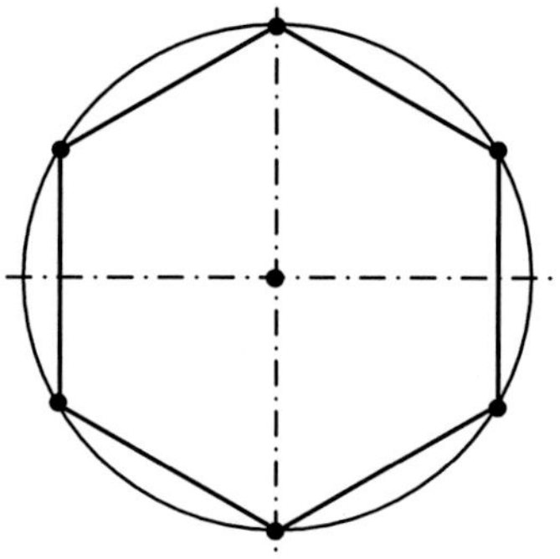

Hexágono desenhado, lado a lado.

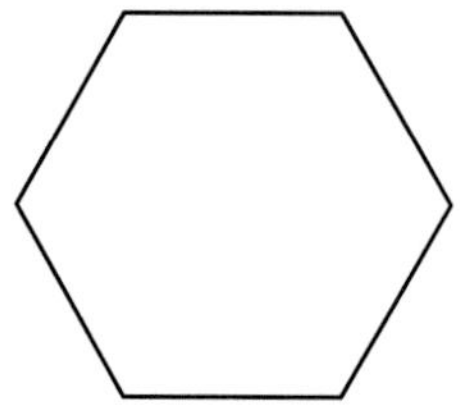

Hexágono copiado de:
Autoforma, Forma básica,
que tem que ser girado de 90º.

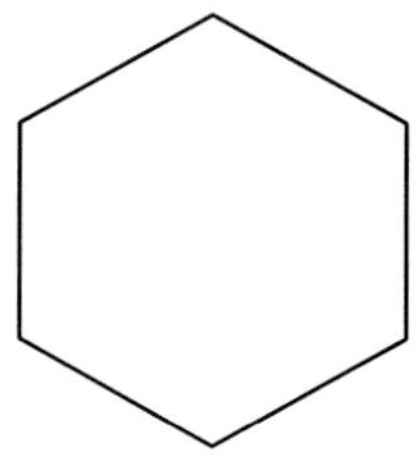

Hexágono copiado
e girado de 90º.

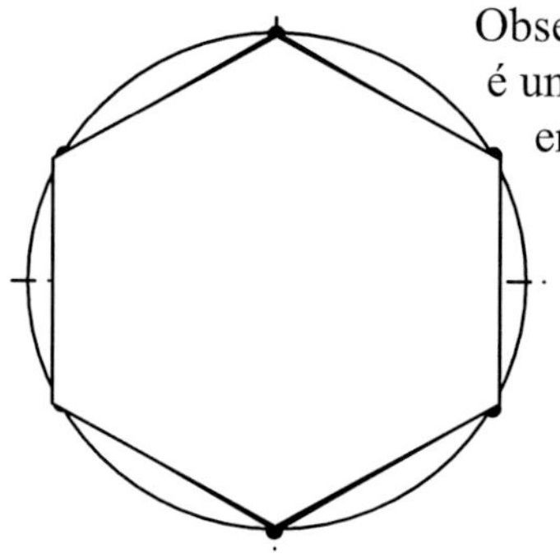

Observe-se que o hexágono decalcado
é uma imagem "fechada" e, portanto
encobre o que estiver por baixo.

Hexágono decalcado sobre o
hexágono desenhado lado a lado.

Aqui está o hexágono decalcado,
com as mesmas dimensões do
hexágono desenhado, lado a lado.

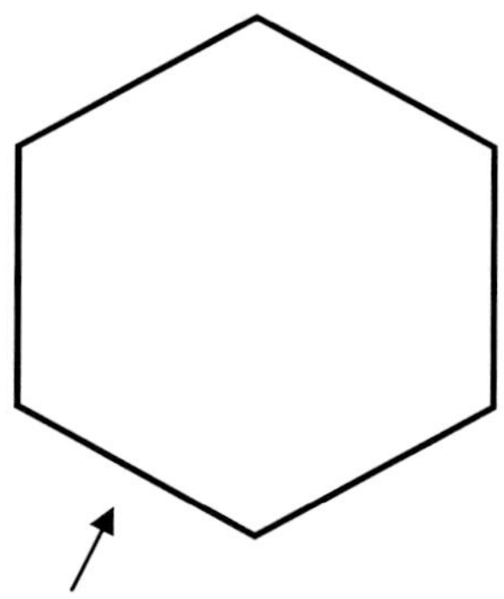

Na sequência, são mostradas Artes Geométricas, com esse hexágono.

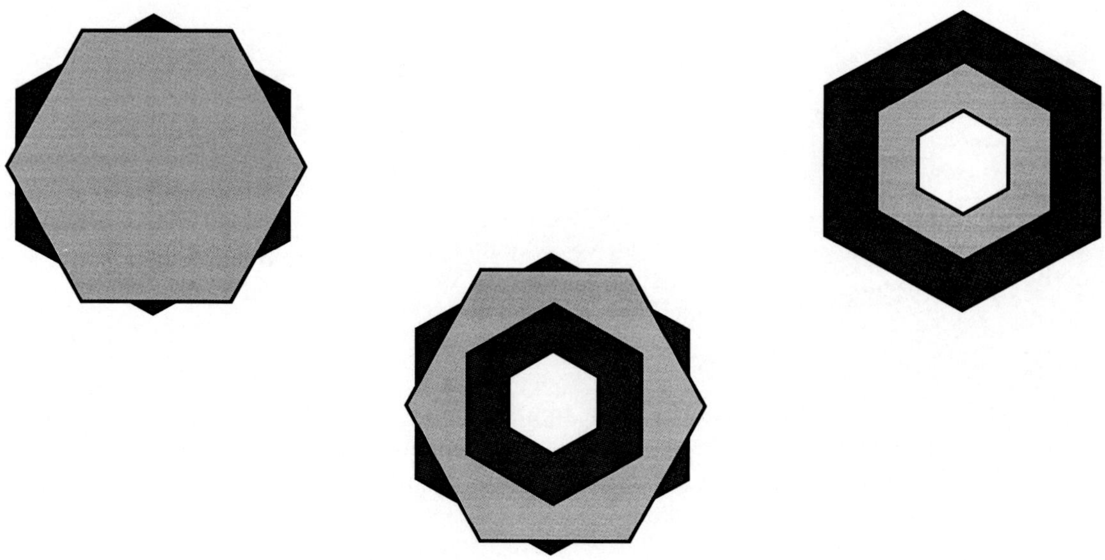

Capítulo 7

A Arte geométrica com a dobradura e o recorte em papel: *origami* e *kirigami*. Arte Geométrica com o tangram

Arte é uma palavra de origem latina, que significa técnica, habilidade natural ou adquirida, maneira de ser ou de agir. Segundo o dicionário Houaiss, arte é a "produção consciente de obras, formas ou objetos, voltada para a concretização de um ideal de beleza e harmonia ou para a expressão da subjetividade humana".

Arte pode ser entendida como a atividade humana ligada às manifestações de ordem estética ou comunicativa, realizada por meio de uma grande variedade de linguagens, tais como: arquitetura, desenho, escultura, pintura, escrita, música, dança, teatro e cinema, em suas variadas combinações. O processo criativo se dá a partir da percepção com o intuito de expressar emoções e ideias, objetivando um significado único e diferente para cada obra. Segundo o poeta e artista plástico brasileiro, Ferreira Gullar (1930-2016), a "Arte existe porque a vida não basta".

Este capítulo teve a orientação da professora Lena Abrantes, licenciada em Educação Artística, Arteterapeuta e professora de Artes da Prefeitura Municipal da Cidade do Rio de Janeiro.

7.1 A Arte Geométrica

Como o próprio nome sugere, Geometria Artística ou Arte Geométrica refere-se ao uso de elementos básicos e conceitos geométricos, de tal forma que, unidos em determinada sequência ou padrão, configura-se no que se pode chamar de "obra de arte". A imagem a seguir, à esquerda, feita a partir da repetição ordenada de losangos, além de poder ser considerada como um fractal*, também pode ser vista como uma "obra de arte geométrica". Outro exemplo clássico, e famoso no mundo todo, é baseado no "quadro", à direita de Mondrian.

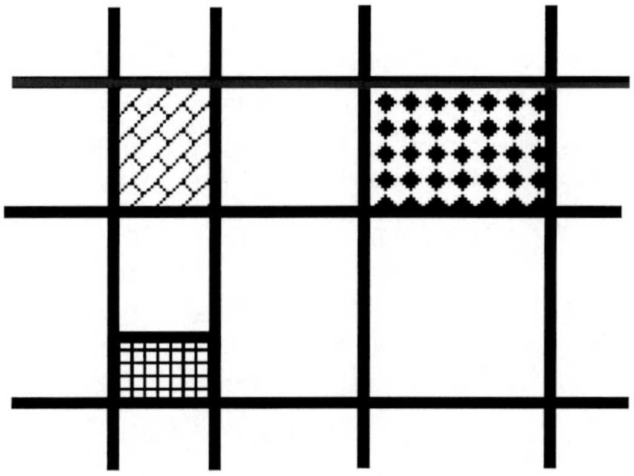

*Um fractal é um objeto geométrico que pode ser dividido em partes, cada uma das quais semelhante ao objeto original.

Muitos pintores famosos, mesmo praticando obras clássicas e ou surrealistas, em alguns trabalhos lançaram mão de elementos geométricos. Dentre os vários famosos, cabe citar Pieter Cornelis Mondrian (1872-1944), que produziu centenas de quadros tipicamente apenas com elementos geométricos simples, mas que, quando preenchidos e combinados com as mais diversas cores, constituíram-se em belas obras de arte, de grande valor artístico. No Brasil, tivemos, e ainda temos, muitos artistas geométricos, podendo ser citados: Paulo Werneck (1907-1987), Lygia Clark (1920-1988), Ivan Serpa (1923-1973), Geraldo de Barros (1923-1998), Hélio Oiticica (1937-1980) e Paulo Roberto Leal (1946-1991). Em 2024, com 64 anos de idade e atuante, a artista plástica Beatriz Ferreira Milhazes, podia ser apontada como uma moderna artista geométrica, sendo sua obra caracterizada pelo uso da cor, de estruturas geométricas, arabescos**, florais e motivos ornamentais.

Além de belos quadros artísticos, a arte geométrica é muito utilizada na decoração de tecidos, produtos industriais e vários objetos domésticos.

**Arabescos são desenhos formados por padrões geométricos que fazem parte da cultura dos países muçulmanos. Podem ser pintados ou esculpidos e são muito usados na arte islâmica, na arquitetura, na tapeçaria e na decoração. A palavra arabesco é italiana e significa "à maneira árabe". Sua origem é do árabe 'arab, que parece significar "habitante do deserto".

7.2 As cores e seus efeitos

De forma geral as cores podem ser classificadas em primárias, secundárias e terciárias. As primárias são: vermelho, azul e amarelo. As secundárias: verde, que é combinação de azul e amarelo, laranja, que é a combinação de amarelo e vermelho e roxo, que é a combinação de vermelho e azul. As cores terciárias advêm da combinação de uma cor primária com uma secundária.
Exemplos de cores terciárias: vermelho arroxeado (vermelho + roxo), vermelho alaranjado (vermelho + laranja), amarelo esverdeado (amarelo + verde), amarelo alaranjado (amarelo + laranja), azul arroxeado (azul + roxo) e azul esverdeado (azul + verde).

Como é formado e quais são as sete cores do arco-íris

O arco-íris é um fenômeno ótico e meteorológico que ocorre quando há chuva seguida de iluminação solar. Esse efeito acontece devido à dispersão da luz branca em cores do espectro visível da luz. As gotículas de água funcionam como um prisma, a luz penetra dentro das gotas, é refletida em um ângulo de aproximadamente 42º e volta a ser refletida para a atmosfera, encantando os olhos dos observadores, nas seguintes sete cores visíveis: vermelho, laranja, amarelo, verde, azul-céu, anil e violeta. Na realidade, o arco-íris é formado por infinitas cores, e aparece apenas quando o Sol está no lado contrário do observador e com uma altura baixa, como no poente, ou seja, quando o Sol está se pondo.

Efeitos comportamentais e psicológicos das cores

Pesquisas relacionadas às preferências de cores, relacionadas à compra de produtos, mostram que cerca de metade (50%) da população mundial prefere a cor azul. As outras cores têm percentuais de preferência bem distribuídos, tendo relação com o clima de onde a pessoa vive, seus hábitos culturais e até religiosos. Outra coisa interessante é quanto ao contraste de cores, onde pesquisas indicam que isso ocorre com a combinação do amarelo ouro com o preto. Ou seja, essas são as duas cores que, quando juntas, mais chamam a atenção.
Quanto aos efeitos psicológicos, as cores são classificadas em quentes, frias e neutras. As cores quentes são: amarelo, vermelho, laranja, vermelho alaranjado e laranja amarelado. As frias são: azul, verde, violeta, azul esverdeado, verde amarelado e roxo azulado. As cores neutras são o branco, o preto, e principalmente as lidades do cinza. No entanto, também podem ser neutros todos os demais subtons das outras cores, como as tonalidades mais fracas, afetadas pela mistura com o branco ou o preto, sendo que as mais comuns são o bege e o marrom.
Arquitetos e especialistas em decoração afirmam que o uso das cores neutras é uma forma de deixar a casa mais aconchegante, ampliar visualmente e manter os espaços sempre atuais. Elas são opções amenas e elegantes que, ao contrário do que se pensa, vão muito além dos tradicionais branco e bege. As cores quentes transmitem sensação de calor, alegria e descontração, enquanto as cores frias passam a ideia de calma, tranquilidade e esperança.

7.3 Fazendo Arte Geométrica com a dobradura de papel ou *origami*

Origami é a arte da dobradura de papel. A palavra é oriunda do japonês, onde *ori* significa dobrar e *kami* significa papel. Essa arte milenar consiste na criação de objetos e formas a partir de um pedaço de papel quadrado ou retangular, sem cortá-lo, onde as faces podem ser de cores diferentes. É muito praticada no Japão. *Kirigami* é outra arte tradicional japonesa de recorte do papel, onde *kiri* significa recortar e *kami* papel. Com essa arte é possível criar representações de determinados seres ou objetos, e até coisas inexplicáveis! Existe uma infinidade de dobraduras de *origami*, aqui serão mostrados três exemplos: um porquinho, um aviãozinho e um coelho, ressaltando as formas geométricas que vão surgindo, nesses casos, basicamente triângulos, quadriláteros e alguns polígonos.

7.3.1 Dobrando um porquinho

O passo a passo a seguir, objetiva ter a figura de um porquinho, como abaixo mostrado. Observa-se que o próprio desenho do porco, dando a ideia de profundidade, ou seja, tridimensional, já mostra vários elementos geométricos, especialmente triângulos. Essa dobradura se inicia com um papel quadrado, preferencialmente na cor marrom claro, para ficar parecido com uma raça de porco. Observa-se que, até ter o porco completo, são necessários três pedaços de papel quadrado, com as mesmas dimensões.

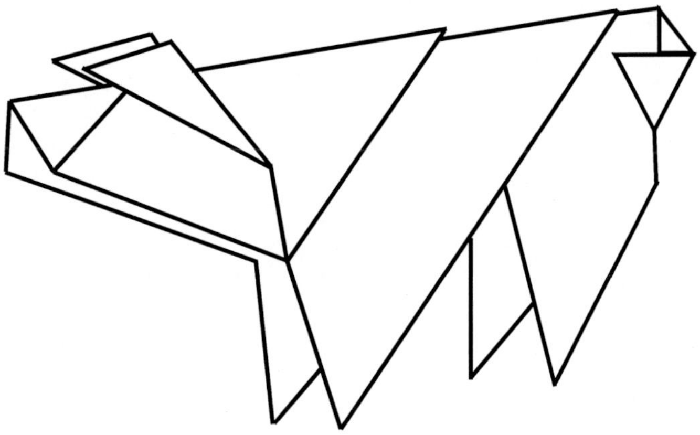

1º Passo: colocando a folha na vertical, dobro ao meio, obtendo um triângulo retângulo.

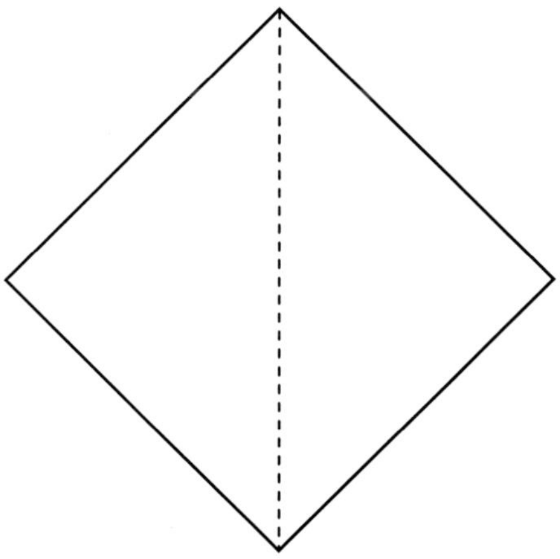

2º Passo: dobro o triângulo ao meio, no sentido vertical, obtendo outro triângulo retângulo menor.

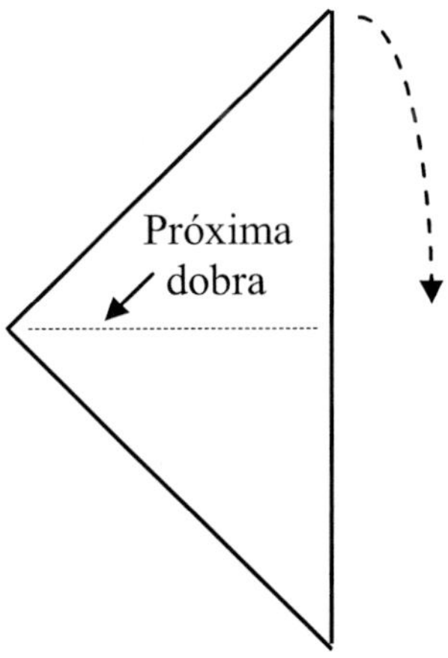

*Observa-se que, como a folha está dobrada duas vezes, em verdade temos quatro triângulos retângulos, equivalentes ao cruzamento das duas diagonais.

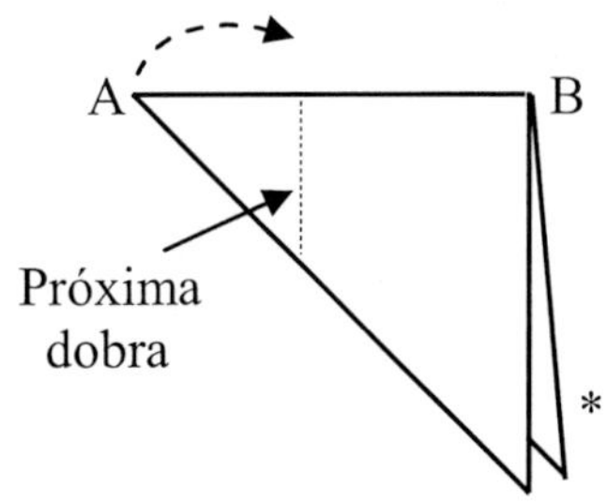

3º Passo: dobro a ponta A, para a direita, marcando uma distância um pouco menor do que o segmento de reta AB.

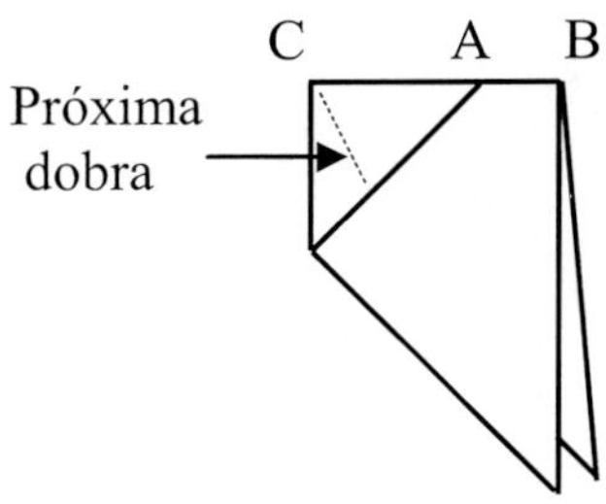

4º Passo: dobro a ponta A, para a esquerda, dando uma amassada, criando uma sobreposição.

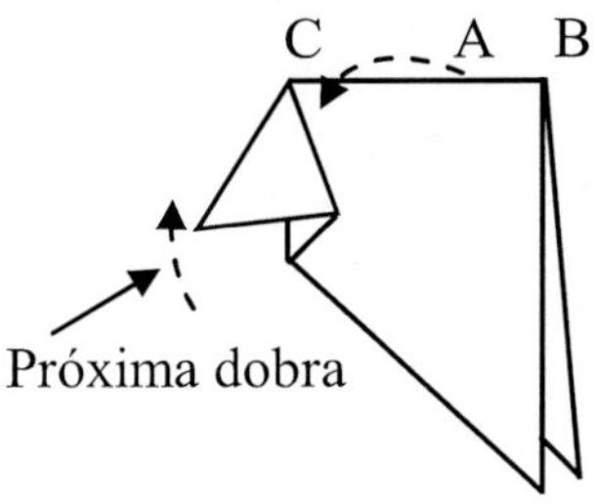

5º Passo: desdobro o já feito, retornando à posição do 2º passo, com os vincos.

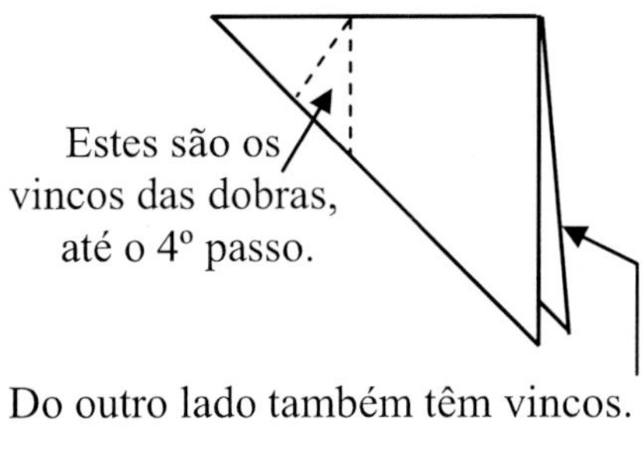

6º Passo: abro as pontas D e E, em direções opostas.

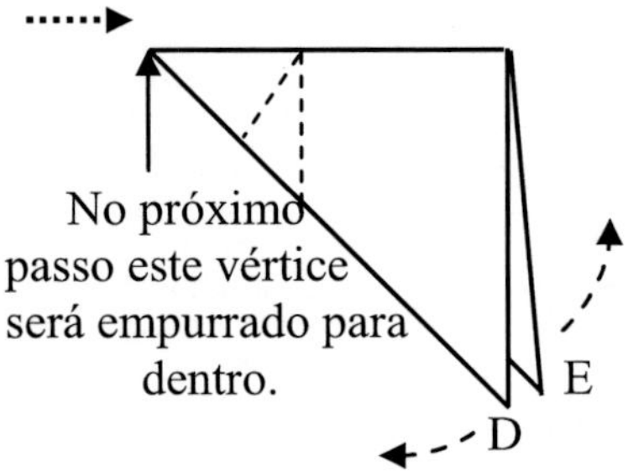

7º Passo: com a dobra bem aberta, e usando os vincos, dos dois lados, empurro o vértice esquerdo, composto de quatro espessuras, para dentro, gerando a imagem a seguir.

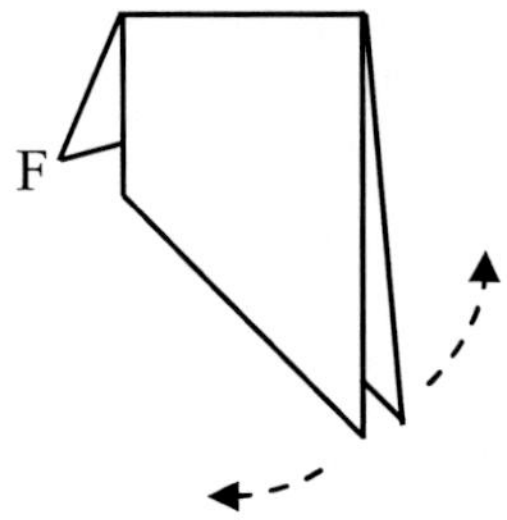

8º Passo: dobro o vértice F, para cima, já formando o rabo do porco.

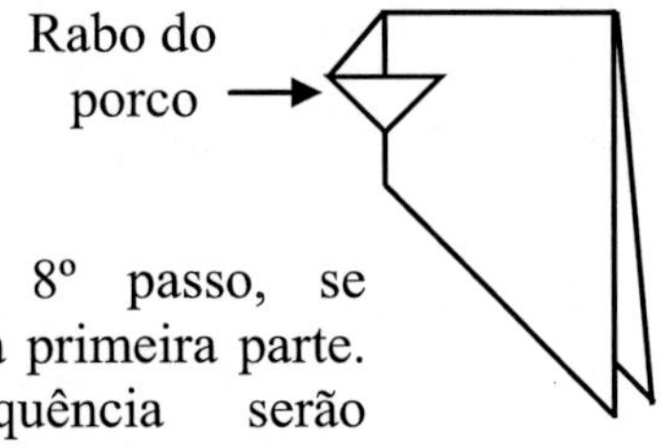

Com o 8º passo, se concluí a primeira parte. Na sequência serão usadas mais duas folhas iguais à primeira.

9º Passo: dobro mais duas folhas iguais, seguindo a sequência até o 2º passo.

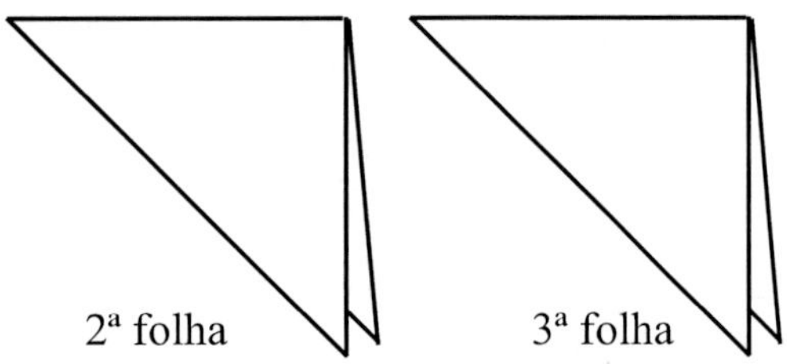

10º Passo: encaixo a 2ª e a 3ª folha, nessa ordem, na 1ª folha, que é a parte do rabo do porco. Para encaixar abro cada folha como a seguir mostrado.

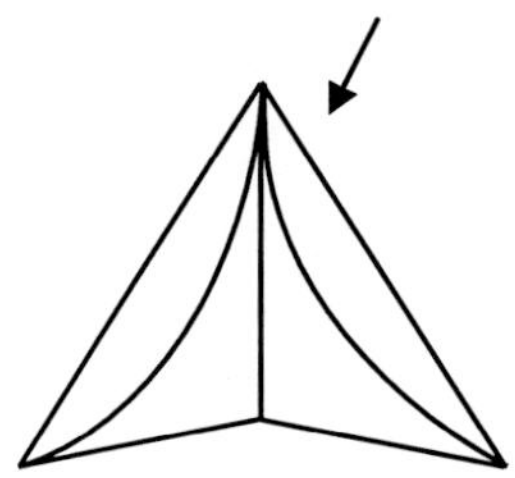

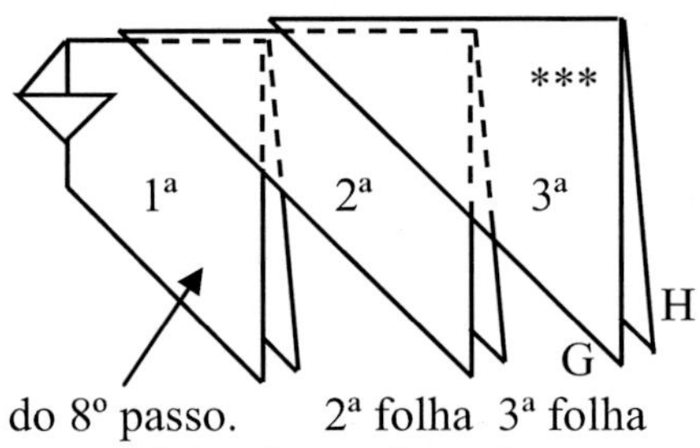

***É com a 3ª folha que será dobrada a cabeça do porco.

11º Passo: dobro as pontas G e H para cima, formando a base da orelha do porco.

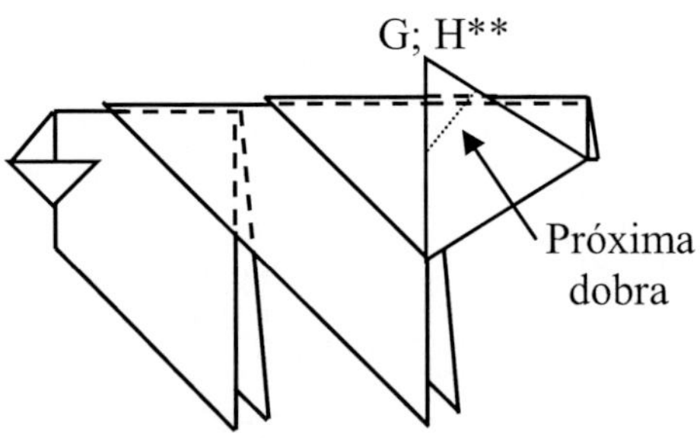

**G na frente e H atrás.

12º Passo: dobra as pontas G e H, para baixo e para a frente, formando a orelha do porco, que é caída.

Aqui está o porquinho malhado.

7.3.2 A dobradura de um aviãozinho

A partir de uma folha retangular , por exemplo, no formato A4, é possível e fácil criar um aviãozinho, como o mostrado à direita.
A seguir são detalhados o passo a passo, a partir de uma folha, ou seja, duas dimensões, até se chegar ao aviãozinho, que é tridimensional.

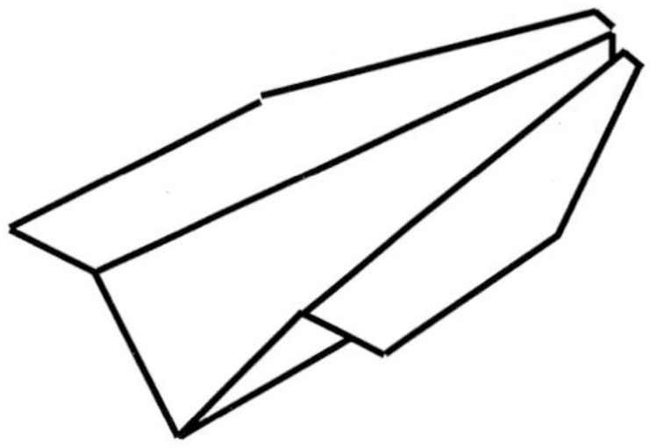

1º Passo: posiciono folha na vertical.

2º Passo: dobro folha ao meio, no sentido vertical.

3º Passo: desdobro folha, agora com um vinco.

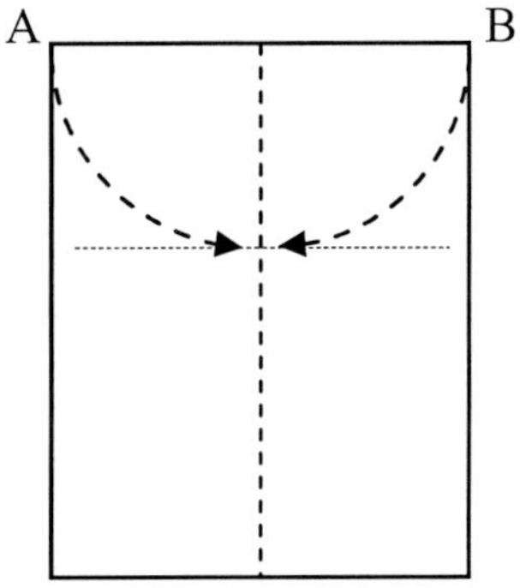

4º Passo: dobro as pontas superiores, como citado.

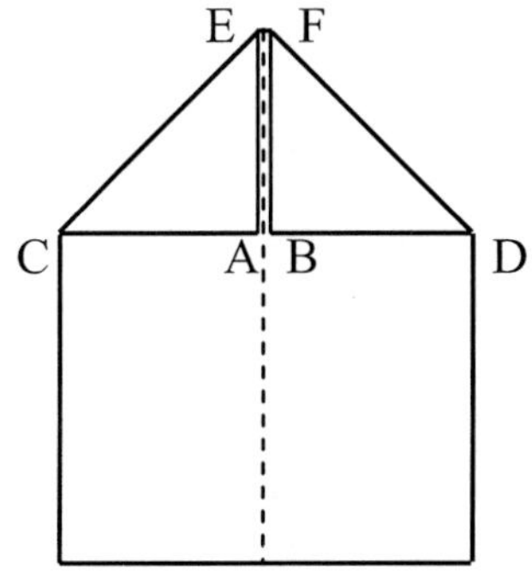

5º Passo: dobro reta CD, para baixo e para frente.

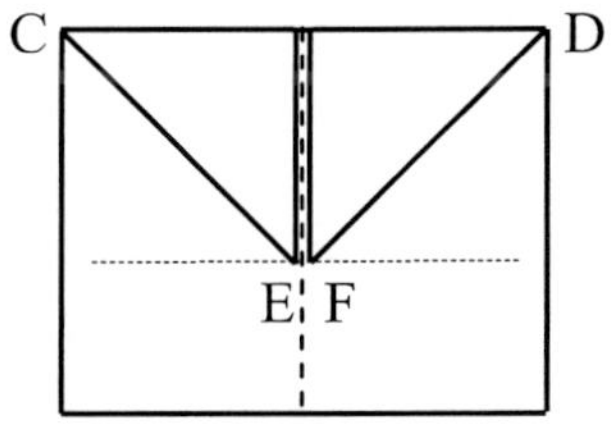

6º Passo: dobro pontas CD, como indicado.

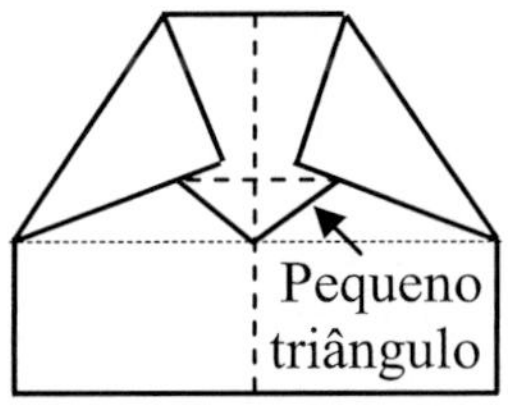

7º Passo: dobro o pequeno triângulo para cima.

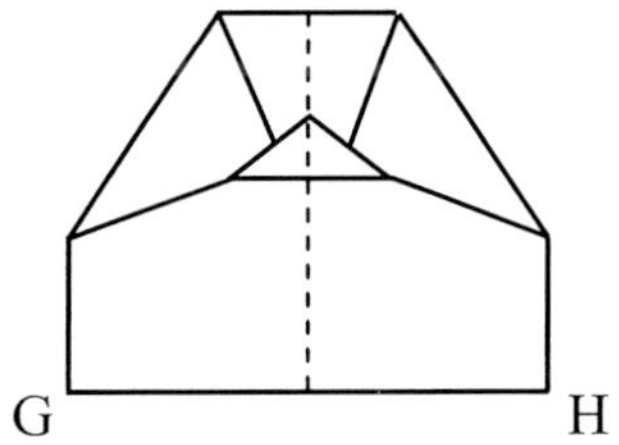

8º Passo: dobro a folha juntando as pontas G e H.

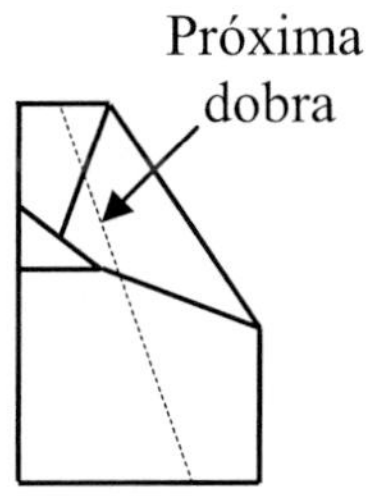

9º Passo: como citado no 8º passo, dobro cada banda para um lado, já tendo o formato final do aviãozinho.

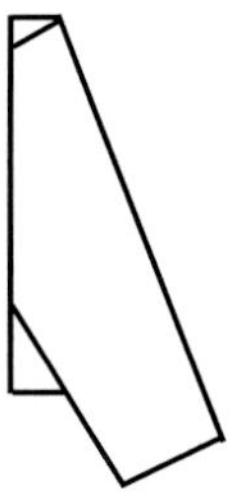

10º Passo: abro a dobradura para cada lado passando do bi para o tridimensional, já com o aviãozinho pronto.

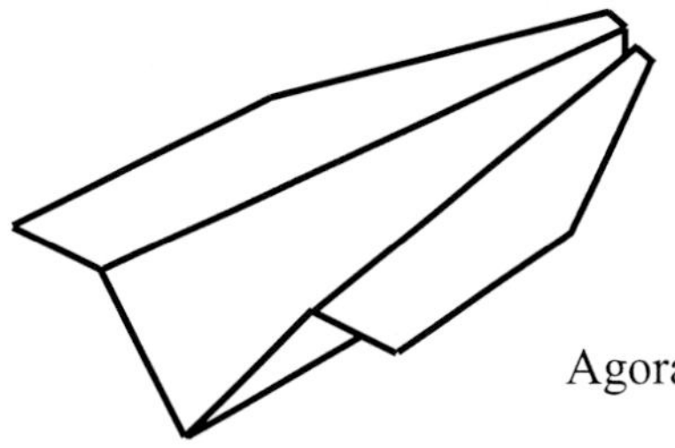

Agora é só voar.

Observa-se que ao longo dos passos, e em cada um, foram gerados diversos elementos geométricos, principalmente mediatrizes e triângulos.

7.3.3 Viva a Páscoa: dobrando um coelho

1º Passo: com uma folha quadrada, na posição indicada, dobro a diagonal vertical.

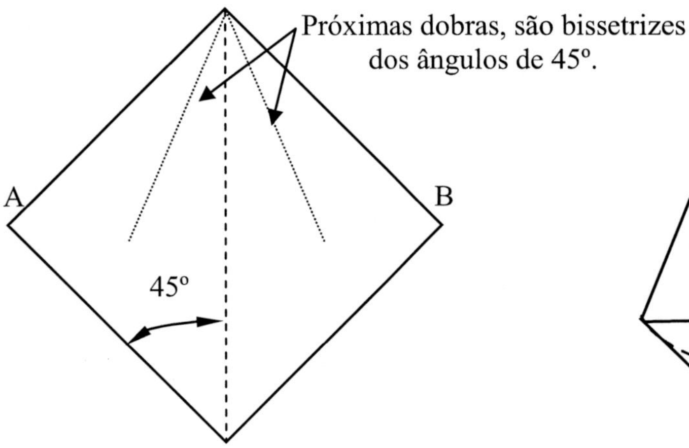

2º Passo: dobro as pontas A e B para dentro, como abaixo.

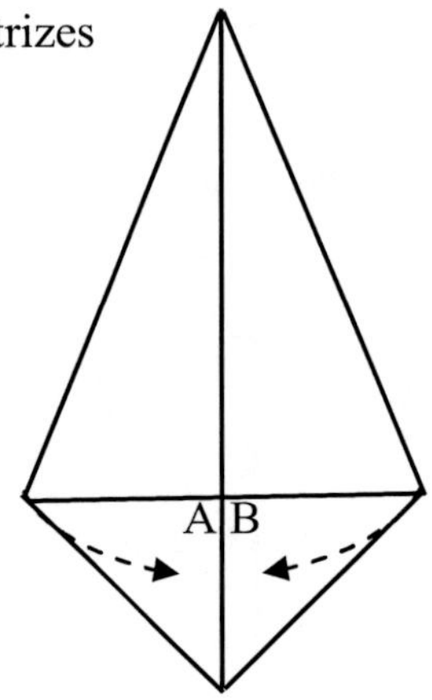

3º Passo: viro a folha ao contrário e corto com a tesoura, onde marcado.

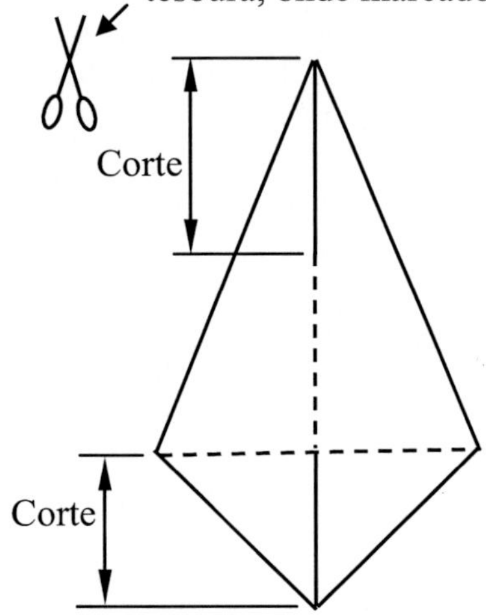

4º Passo: Com a folha na posição do 2º passo, dobro as partes, de cima, formando as orelhas.

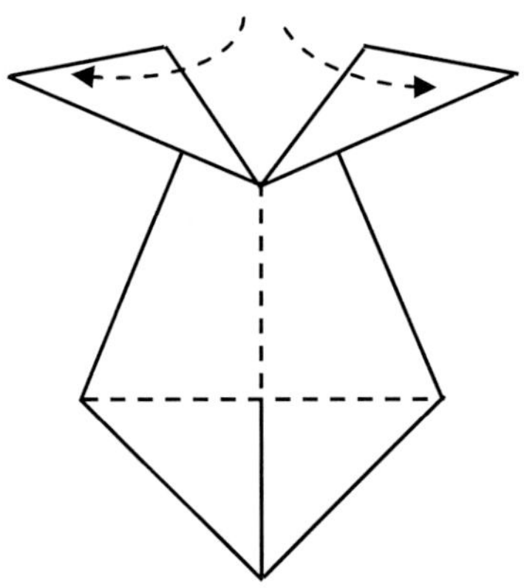

5º Passo: na mesma posição, dobro as partes de baixo, formando o pescoço do coelho.

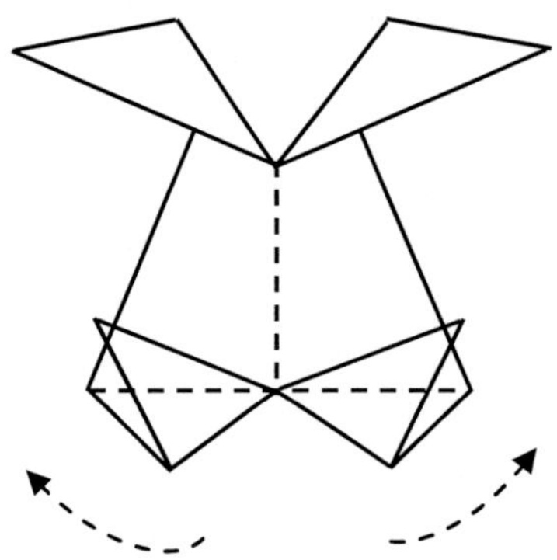

6º Passo: o coelho "pronto".

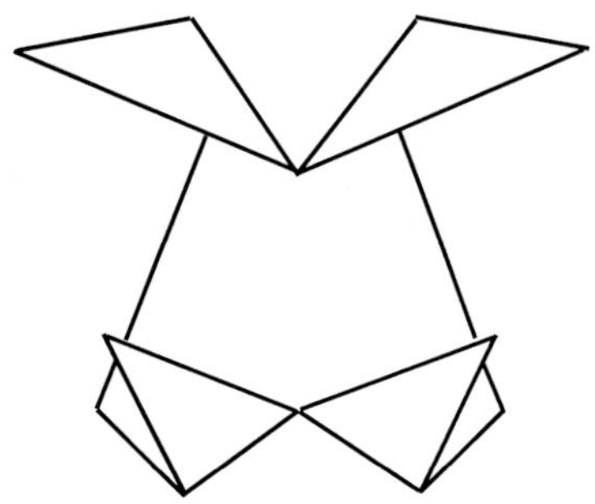

Coelhinho da Páscoa:
o que trazes pra mim?

7.4 *Kirigami*. História e curiosidades

A palavra *kirigami* é de origem japonesa onde kiru, significa "recortar" e kami, significa "papel". É um tipo de arte tradicional japonesa que surgiu como uma variação do *origami*, uma arte também japonesa, basicamente de dobradura de papel.
O *kirigami* pode ser representado em 2D (figuras planas ou bidimensionais) ou em 3D (figuras tridimensionais). A arte em dobraduras e cortes de papeis teve início na China, assim que surgiram os primeiros papéis, no ano de 105 d.C. Atribuí-se a descoberta, do que hoje chamamos papel, ao chinês T'sai Lun, ao esticar uma tela de pano num quadro de bambu. Essa descoberta foi uma grande inovação tecnológica, tendo sido utilizada exclusivamente pelos chineses por quase 600 anos.
Deve ser citado que, foram os egípcios que passaram a usar tiras unidas da planta papiro (em latim *papyrus*), para escrever com símbolos, ou escrita por hieróglifos. O papiro mais antigo que se conhece, até hoje, data do ano 2.200 a.C., ou seja, há mais de 4.200 anos. A palavra papel em português se origina o latim *papyrus*.
Também é importante falar sobre o pergaminho, cujas folhas eram feitas com a pele de animais, como cabras e ovelhas. O pergaminho surgiu cerca de 200 anos antes de Cristo, na cidade grega de Pergamo (daí o nome: pergaminho). Com a popularização do papel, feito de fibras vegetais, e a invenção da imprensa por Gutemberg em , aos poucos os pergaminhos foram deixando se ser usados.
Por volta de 1439, o alemão Johannes Gutenberg (1398-1468) inventou a prensa, permitindo a impressão de livros e textos "em larga escala". O primeiro livro impresso em papel foi a Bíblia, escrita em latim e em letras góticas, com 641 páginas. A impressão da Bíblia começou em 23 de fevereiro de 1455 e demorou cinco anos para ficar pronta. No ano de 2024, existiam cerca de 60 Bíblias de Gutenberg, em vários países, sendo 12 impressas em pergaminho e 48 em papel.

Existem três grandes tipos de dobraduras e corte em papel: *senshi*, *sanshi* e *kokushi*.
Senshi: compreende dobradura e recortes. Esta técnica consiste em dobrar o papel diversas vezes e realizar cortes sobre ele dobrado e, depois ao reabri-lo, tem-se como resultado uma figura bidimensional. Essas figuras eram utilizadas como decoração em residências ou vendidas como produtos artesanais por famílias mais pobres da China. Mais tarde, essa técnica ganhou versões conhecida como *origami* arquitetônico, gerando além das figuras bidimensionais, as tridimensionais.
Sanshi: compreende dobras sanfonadas com recorte, tendo repetições em tiras.
Kokushi: é um técnica mais complexa com o uso de estiletes, desenvolvendo imagens mais definidas, com contornos e silhuetas das imagens.
O *kirigami* foi sendo levado aos outros países com o passar dos séculos, nos países europeus, os *kirigamis* eram utilizados como moldes para chapas de reproduções em escala e para desenvolver representações de símbolos judaicos (como a Estrela de Davi). No Japão, o *kirigami* passou a ser utilizado principalmente pela característica simétrica. Um dos exemplos mais conhecido eram os brasões, denominados como *monkiri*, símbolos utilizados para identificar as famílias. Atualmente o kirigami também é utilizado em cartões, convites, artigos decorativos e serigrafia.

Os *Kirigamis* possuem três categorias distintas:
Kirigami clássico: é a arte de dobrar e recortar o papel adquirindo formas e desenhos bidimensionais.
Origami arquitetônico: são recortes em papel com efeito de tridimensional, utilizando muitas vezes imagens bidimensionais ou referências de desenhos tridimensionais.
Kirigami modular: são feitas diversas peças de papel com formatos idênticos e simétricos, dobrados e montados gerando uma estrutura simétrica maior. Lembram estruturas fractais.

Neste livro de Desenho Geométrico e Geometria, o *kirigami* será abordado como um recurso auxiliar e complementar ao aprendizado da Geometria. Como muitas peças de *kirigami* têm uma beleza plástica, podem ser enquadradas como "Arte Geométrica".
Observa-se que, para os objetivos de facilitar o aprendizado da Geometria, neste livro, não serão mostradas apenas peças de papel recortadas, mas sim como se deve, por exemplo, cortar uma folha quadrada ou circular de forma a se obter: triângulos, quadrados, retângulos, losângulos, circunferências e elipses. À medida que o aluno vai praticando as técnicas de dobraduras e recortes, além de desenvolver suas habilidades lógico-matemática, viso-espacial e pictórica, pode gerar belas "Obras de Arte Geométrica".

7.4.1 Criando folhas quadradas e circulares

No mercado brasileiro, em lojas especializadas, é possível comprar pedaços de papéis quadrados para uso com *origamis* e *kirigamis*, sendo raro, encontrar papéis no formato circular, para essas técnicas. Por causa disso, inicia-se a técnica do kirigami, mostrando como obter um papel quadrado ou circular, por exemplo, a partir de uma folha A4, que tem como dimensões: largura 21 cm e altura 29,7 cm.

Como obter folhas quadrada, a partir de um formato A4

Ao cortar na linha marcada e desdobrando o triângulo tem-se: um quadrado e um retângulo.

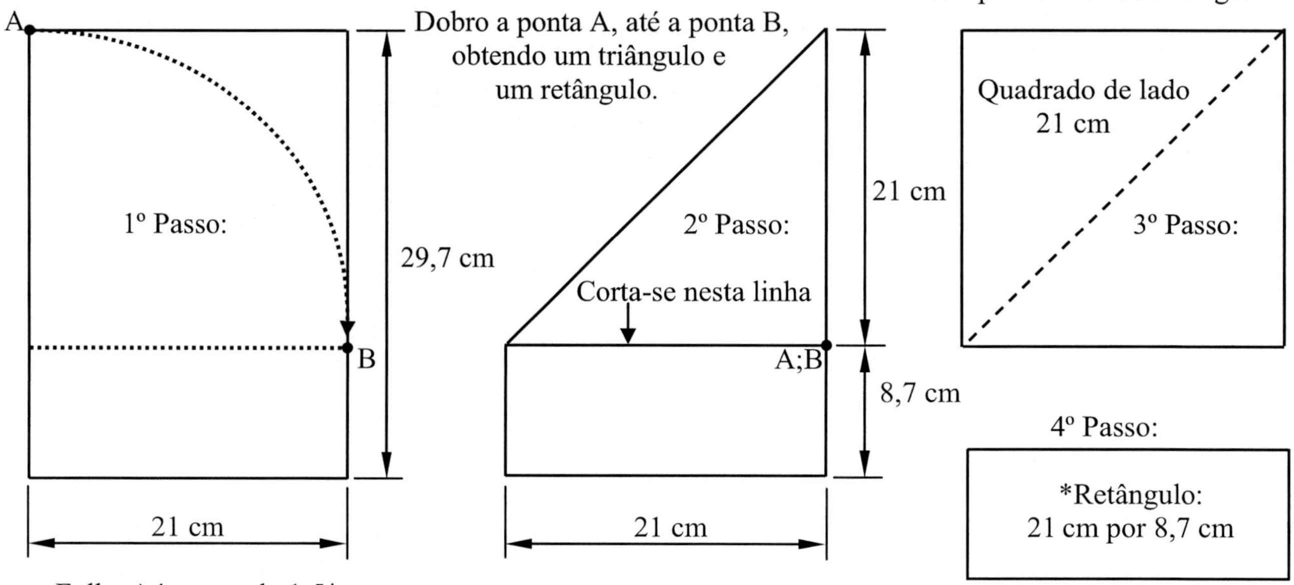

Folha A4 na escala 1:5*.
(*1:5 igual a cinco vezes menor)

5º Passo:

*Observa-se que, com o retângulo 21 cm x 8,7 cm, podem ser obtidos dois quadrados de lado 8,7 cm.

Folhas circulares

Podem ser obtidas a partir de folhas quadradas, de duas formas diferentes: 1ª) Traçando uma circunferência com o compasso, abrindo-o na medida da metade do quadrado. O centro da circunferência estará no cruzamento das diagonais do quadrado e 2ª) Dobrando a folha quadrada várias vezes, obtendo-se um triângulo escaleno que, quando cortado na ponta, seguindo um arco, gera uma "circunferência". Em geral, essa circunferência não fica exatamente na forma circular, exigindo acertos.

7.4.2 Exemplos de *kirigami*

Um octógono regular, a partir de uma folha quadrada, de lado 21 cm.

1º Passo: dobrar ao meio, duas vezes, obtendo as diagonais, 2º Passo: dobrar o primeiro triângulo, 3º Passo: dobrar o segundo triângulo, 4º Passo: dobrar o terceiro triângulo, 5º Passo: Pegar a ponta ou vértice do ângulo reto, do triângulo "grosso", do 4º passo, e dobrar na direção e sobre a hipotenusa, obtendo-se dois triângulos (um isósceles e um escaleno) e 6º Passo: cortar exatamente no cateto menor do maior triângulo.

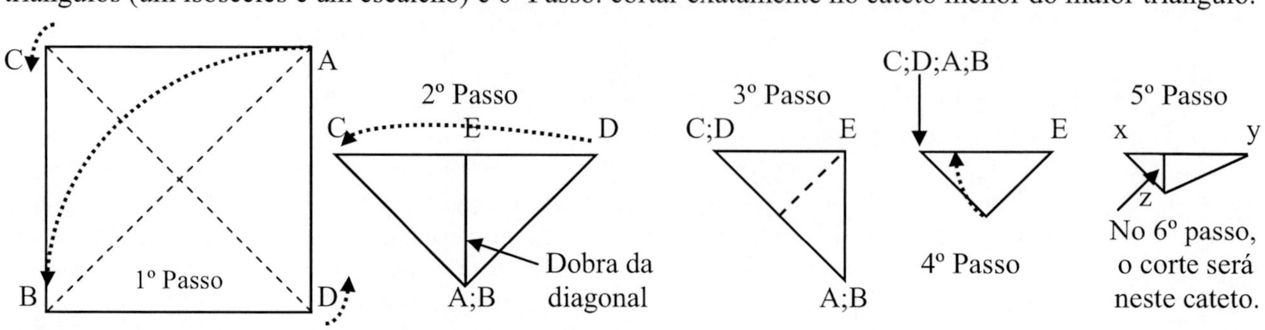

6º Passo: no triângulo xyz corto no cateto vertical z, obtendo um triângulo retângulo escaleno "grosso", ou seja, com muitas dobras.

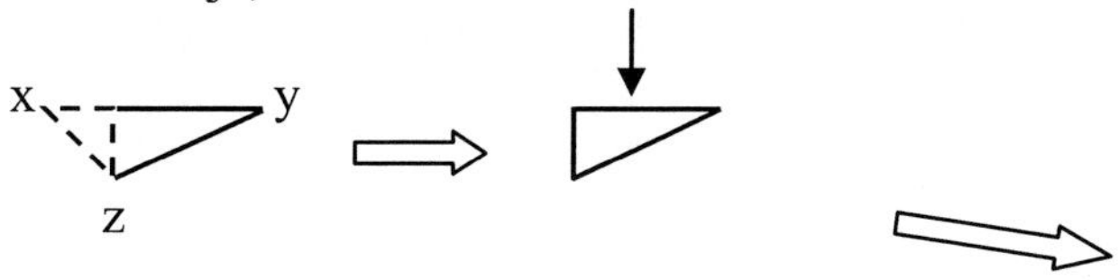

Ao desfazer as dobras, ou seja, abrindo o triângulo retângulo escaleno "grosso", surge o octógono com todas as diagonais e todas as bissetrizes dos ângulos internos.

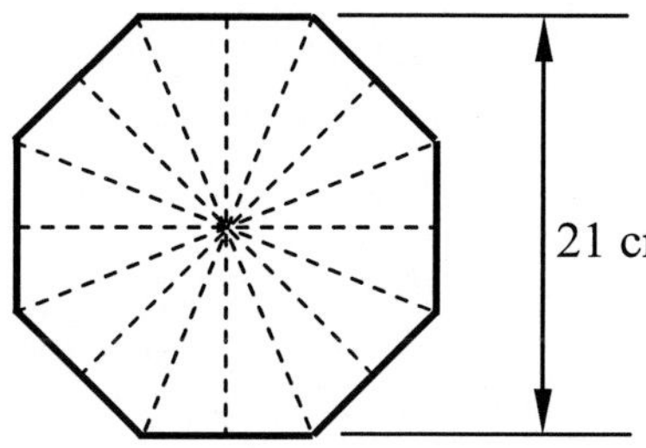

*Esta é a dimensão do quadrado original, sendo que neste exemplo foi usada a escala de 1:6, ou seja, cada dimensão na folha do livro está seis vezes menor.

Um hexágono regular, a partir de uma folha quadrada, de lado 15 cm.

Em geral, as folhas vendidas no comércio para a prática do origami/kirigami, são quadradas de lado 15 cm. O hexágono a seguir será gerado a partir de um quadrado de lado 15 cm, na escala de 1:4, ou seja, na página do livro os 15 cm ficarão com 3,75 cm, pois: 15 cm/4 = 3,75 cm.

1º Passo: dobro folha ao meio, como abaixo.

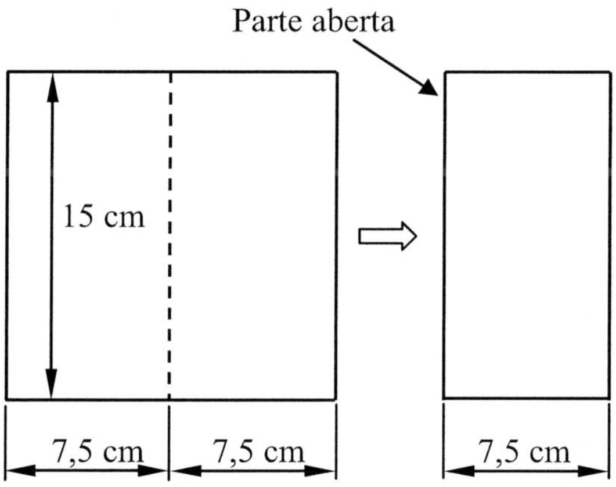

2º Passo: dobro altura de 15 cm ao meio e para cima.

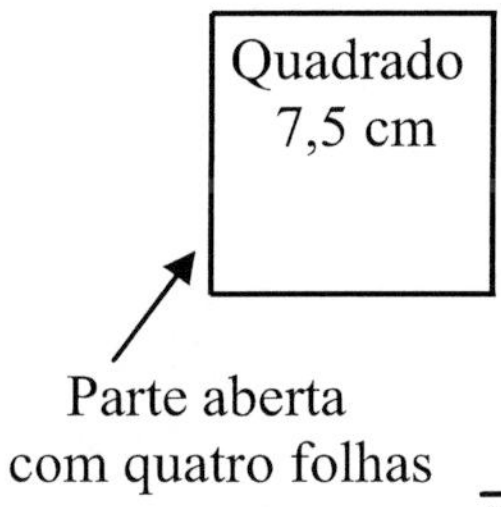

3º Passo: desdobro folha e marco 1/8* de 7,5 cm, como indicado (ponto B).

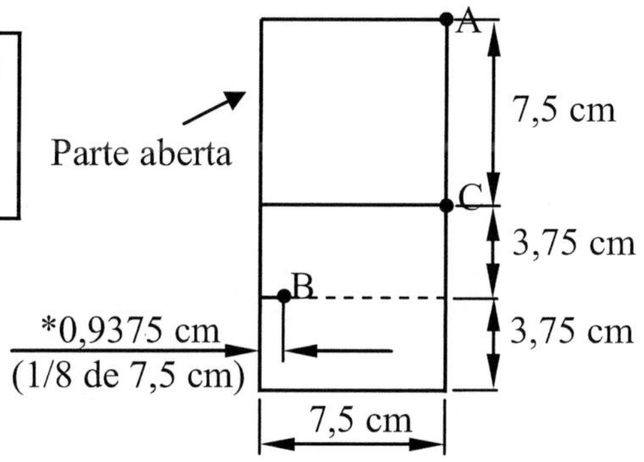

4º Passo: fixando com o dedo o ponto C, dobrando, levo o ponto A para o ponto B, determinando os pontos D e E.

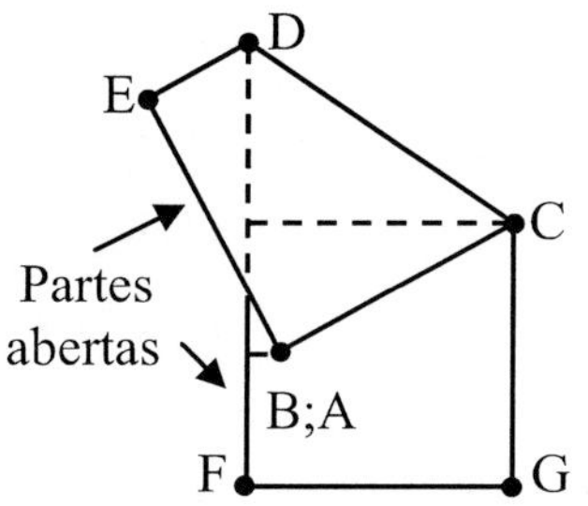

5º Passo: fixando com o dedo o ponto C, dobro para trás o trapézio que passa pelos pontos: CGFBA, de forma que a nova aresta de trás fique paralela à reta CBA.

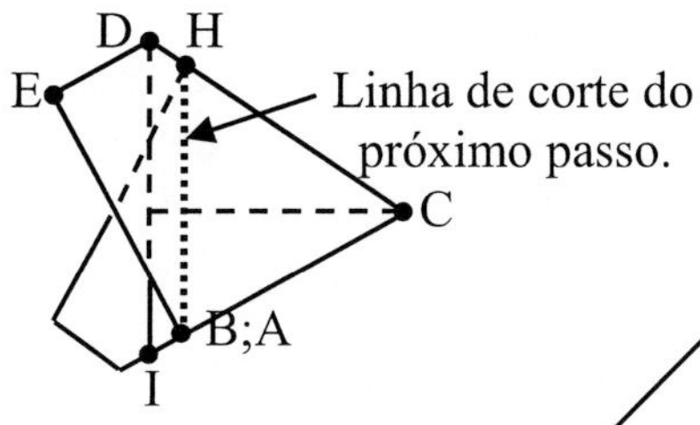

6º Passo: corto todas as folhas dobradas, exatamente na linha HBA, ficando com um grande triângulo equilátero HBAC.

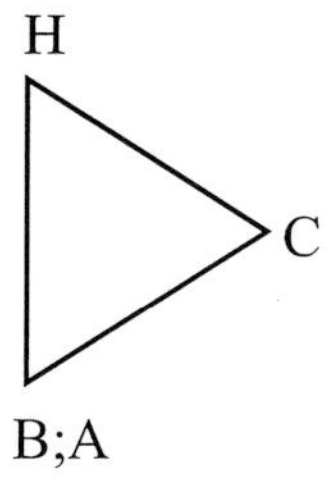

Uma vez que se abra o triângulo equilátero, tem-se o hexágono pretendido.

Este é o hexágono obtido, com as marcas das dobras, feitas ao longo de todo o processo de dobradura.

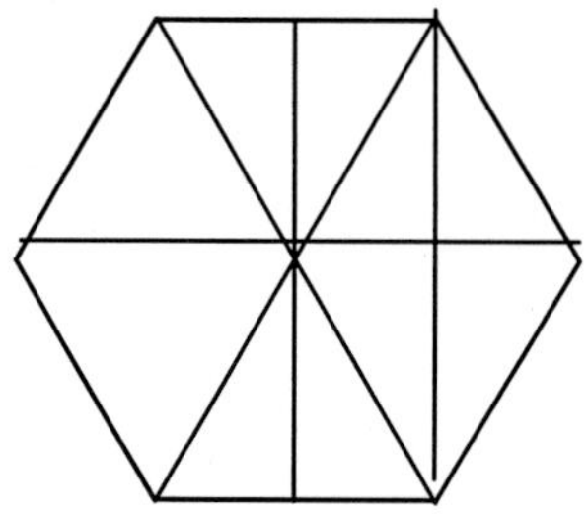

Até usando as marcas das dobraduras, é possível colorir internamente os triângulos, ou seja, transformando o hexágono numa Obra de Arte Geométrica.

7.5 O tangram

O tangram é um quebra-cabeça de origem chinesa, praticado há muitos séculos em todo o Oriente. Segundo a lenda, o jogo surgiu quando um monge chinês deixou cair uma porcelana quadrada, que se partiu em sete pedaços, surgindo seu nome, que significa " tábua das sete sabedorias" ou "tábua das sete sutilezas" .
A origem é de um painel em madeira, de 1780 do pintor japonês Kitagawa Utamaro (1753-1806), com a figura de duas senhoras chinesas a resolver um tangram. A mais antiga publicação com exercícios de tangram é do inicio do século XIX (1801 a 1900).
O tangram pratica-se desde há muitos séculos na China. Ele expandiu-se rapidamente para além do seu país de origem, tornando-se muito popular na Europa e nos Estados Unidos, e tem vindo a inspirar a criação de muitos outros jogos com as mesmas peculiaridades. O tangram é útil para: desenvolver o raciocínio lógico e geométrico (habilidades de visualização, percepção espacial e análise das figuras) e praticar as relações espaciais e as estratégias de resolução de problemas.
Ao contrário de outros quebra-cabeças ele é formado por apenas sete peças com formas geométricas resultantes da decomposição de um quadrado, que são: dois triângulos grandes, dois triângulos pequenos, um triângulo médio, um quadrado e um paralelogramo. Com estas peças é possível criar e montar cerca de 1700 figuras entre animais, plantas, pessoas, objetos, letras, números, figuras geométricas e outros.

7.5.1 A lógica matemático geométrica do tangram

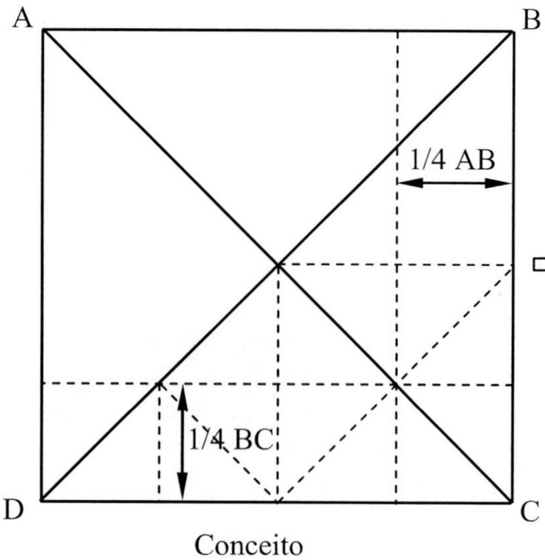

Conceito

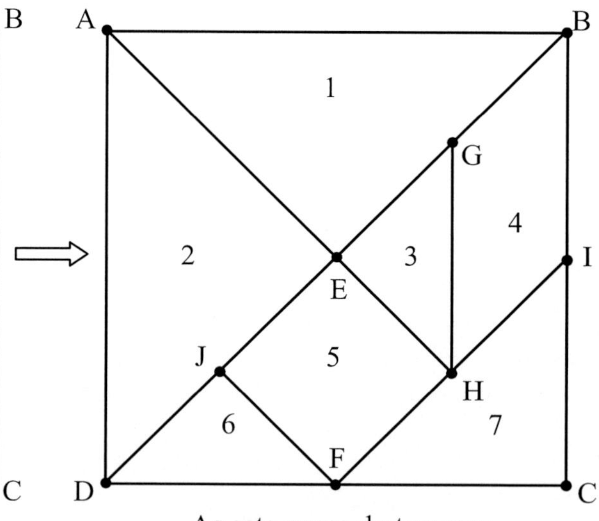

As sete peças do tangram

O tangram parte do conceito de um quadrado ABCD e suas diagonais AC e BD. Na sequência são feitas divisões, tanto a partir das diagonais, quanto no 1/4 dos lados AB e BD que, usando o conceito de paralelas, resulta na criação de sete polígonos muito bem definidos geometricamente, a seguir descritos:

Triângulo ABE igual ao ADE, ambos triângulos isósceles retângulos.
Triângulo DFJ igual ao EGH, ambos triângulos isósceles retângulos. } Triângulos semelhantes.
Triângulo CFI, isósceles retângulo.
Paralelogramo BGHI.
Quadrado EHFJ.

Excetuando o quadrado, que tem os quatro ângulos internos iguais a 90º, todos os outros polígonos, têm ângulos de 90º e 45º, sendo que o paralelogramo tem dois ângulos de 45º e dois de 135º, já que a soma dos ângulos internos de um quadrilátero é igual a 360º.

7.5.2 Exercício resolvido:

A partir de um quadrado de lado igual a 4 cm, determine as características e dimensões dos sete polígonos de um tangram, conforme desenho a seguir.

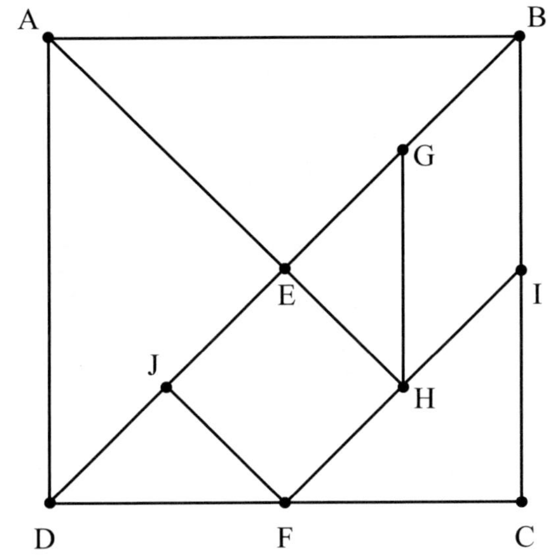

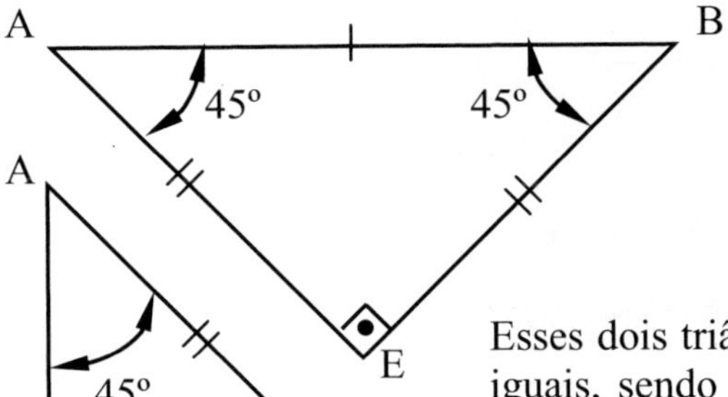

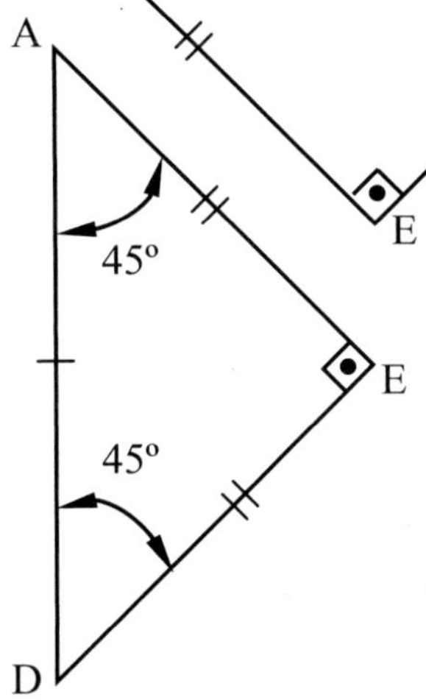

Esses dois triângulos são iguais, sendo isósceles e retângulo. Lado AB = AD = 4 cm. Pode-se usar o teorema de Pitágoras, onde AB é a hipotenusa e AE e BE são os catetos, que também são iguais. Ou seja: $AB^2 = AE^2 + BE^2$:

$$AB^2 = AE^2 + BE^2 \Rightarrow 2AE^2 = AB^2 \Rightarrow AE^2 = \frac{AB^2}{2} \Rightarrow AE^2 = \frac{4^2}{2} = \frac{16}{2} = 8 \Rightarrow AE = \sqrt{8} \Rightarrow AE = 2{,}828 \text{ cm.}$$

A partir desse cálculo os triângulos e quadriláteros ficam com as seguintes dimensões:

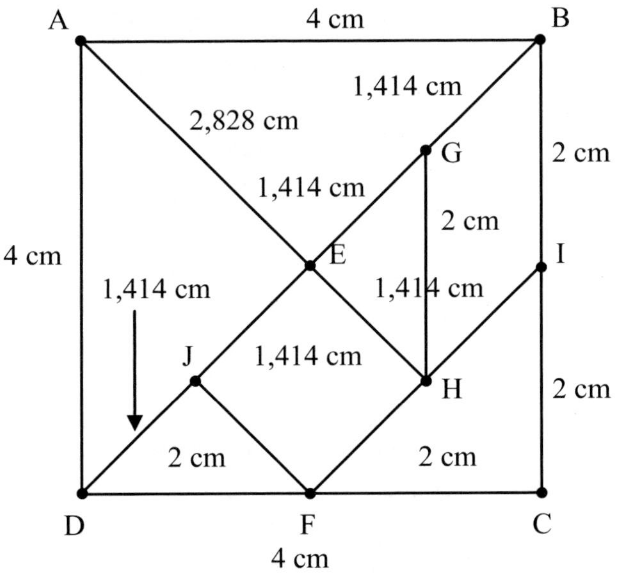

Dimensões dos segmentos:

AB = BC = CD = DA = 4 cm.

AE = BE = DE = 2,828 cm.

BG = GE = EJ = JD = 1,414 cm.

DF = FC = CI = BI = GH = 2 cm.

Todos os quatro triângulos são isósceles e retângulos. O paralelogramo BGHI tem ângulos de 45º e 135º.

Dimensões principais de cada polígono:

1) Triângulos maiores: base 4 cm e altura 2cm, 2) Triângulo médio: base 2 cm e altura 1,414 cm, 3) Triângulos menores: base 2 cm e altura 1 cm, 4) Quadrado de lado 1,414 cm e 5) Paralelogramo de base 2 cm e altura 1 cm.

7.5.3 Arte geométrica com o tangram

Como são sete peças, ou melhor, sete polígonos, cada um será preenchido com uma das cores do arco-íris, como mostrado a seguir. A partir da combinação das sete peças, é possível a criação de centenas de imagens, principalmente de animais.

O camelo

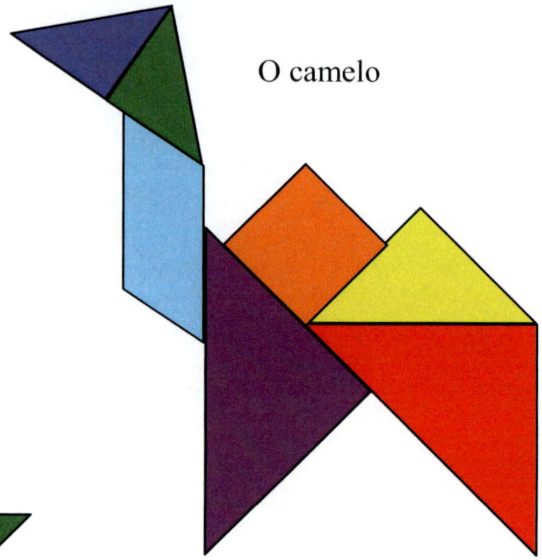

A cobra

O pássaro

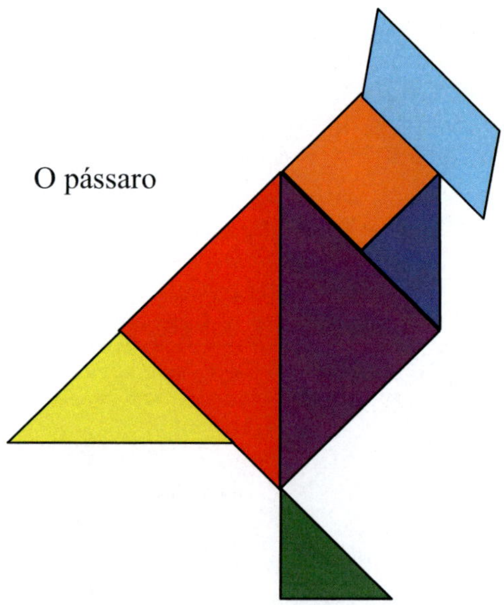

O gato

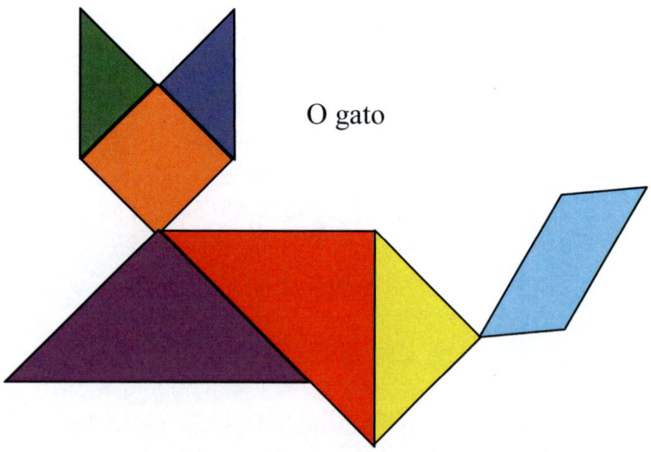

Observa-se que, a partir das dimensões conceituais das sete peças do tangram, podem ser criadas outras imagens, alterando-se as dimensões originais. A Arte é isso: criatividade. O paralelogramo do patinho à direita, foi ligeiramente alongado, para dar uma imagem mais equilibrada.

O patinho

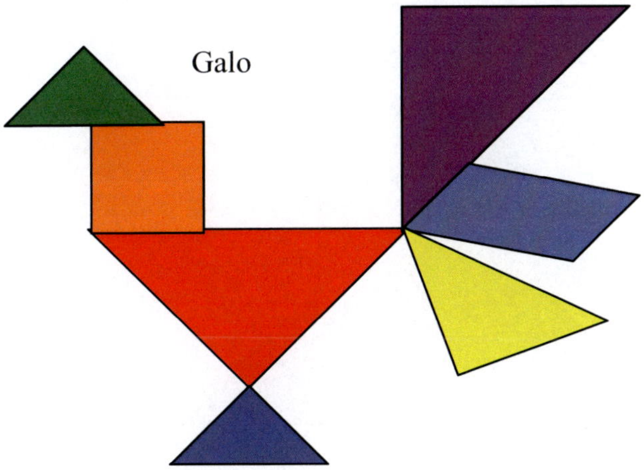

Galo

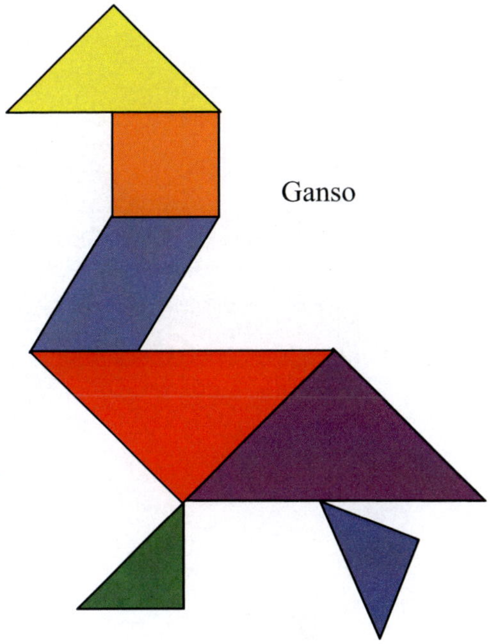

Ganso

Mulher com chapéu chinês

Um barco

Um gato alegre

O cachorro

O cavalinho

A vaca que ri

A tartaruga

Um urso panda

Referências

ABRANTES, José. **A Geometria Básica estudada nos Ensinos Fundamental e Médio**. Rio de Janeiro: Ciência Moderna, 2022.

ABRANTES, José; GRANADO, Renê Mendes. **Desenho Técnico Projetivo Básico**. Rio de Janeiro: Ciência Moderna, 2023.

CARVALHO, Benjamin de Araújo. **Desenho Geométrico**. Rio de Janeiro: Imperial Novo Milênio, 2008.

JANUÁRIO, Antônio Jaime. **Desenho Geométrico**. 2.ed. Florianópolis, Santa Catarina: Editora da Universidade Federal de Santa Catarina, 2006.

MICELI, Maria Teresa; FERREIRA, Patrícia. 3.ed. Desenho Técnico Básico. Rio de Janeiro: Imperial Novo Milênio, 2008.

MORI, Iracema e ONAGA, Dulce Satiko. **Matemática: Ideias e Desafios**. (Manual do professor, 7º ano do Ensino Fundamental). 18.ed. São Paulo: Saraiva, 2016.

Impressão e acabamento
Gráfica da Editora Ciência Moderna Ltda.
Tel: (21) 2201 - 6662